黑龙江省精品图书出版工程

"十三五"国家重点出版物出版规划项目

现代土木工程精品系列图书

埋地输油管道泄漏污染物介观模拟理论与宏观应用

齐晗兵　王秋实　吕　妍　刘　杰　吴国忠　李　栋　著

U0222419

哈尔滨工业大学出版社

内 容 简 介

本书是东北石油大学埋地管道传热研究室基于近十年的科研成果和教学经验撰写而成的,主要阐述了埋地输油管道泄漏污染物介观模拟理论与宏观应用,具有一定的深度和广度。全书共 8 章,包括埋地输油管道泄漏污染物研究背景及研究现状,泄漏污染物迁移介观理论基础,泄漏污染物多相流介观模拟基础,基于 FLUENT 的泄漏污染物孔隙流动模拟,基于格子 Boltzmann(玻耳兹曼)方法的泄漏污染物介观迁移模型,多孔介质内部阻力系数获取方法,泄漏污染物迁移特性分析,泄漏污染物迁移影响因素分析。全书还配有大量的算例,供读者参考。

本书可用于埋地输油管道盗油检测及其泄漏过程的理论学习,也可作为输油管道泄漏影响因素分析的理论参考。

图书在版编目(CIP)数据

埋地输油管道泄漏污染物介观模拟理论与宏观应用/齐晗兵等著.
—哈尔滨:哈尔滨工业大学出版社,2020.8
ISBN 978 - 7 - 5603 - 8639 - 3

Ⅰ.①埋… Ⅱ.①齐… Ⅲ.①埋地管道-输油管道-
管道泄漏-模拟理论-研究 Ⅳ.①TE973.6

中国版本图书馆 CIP 数据核字(2020)第 017822 号

策划编辑 王桂芝 杨秀华
责任编辑 张 颖 杨 硕
出版发行 哈尔滨工业大学出版社
社 址 哈尔滨市南岗区复华四道街 10 号 邮编 150006
传 真 0451 - 86414749
网 址 http://hitpress.hit.edu.cn
印 刷 哈尔滨市颉升高印刷有限公司
开 本 787 mm×1 092 mm 1/16 印张 9.75 字数 213 千字
版 次 2020 年 8 月第 1 版 2020 年 8 月第 1 次印刷
书 号 ISBN 978 - 7 - 5603 - 8639 - 3
定 价 48.00 元

前　言

目前,随着经济的飞速发展,我国能源需求日益增大,特别是对石油、天然气等一次能源的需求更是前所未有。一方面,我国开发新的油气田和挖掘老油气田的产能,扩大国内的自身供应量,并实施"西气东输、西油东送、北油南下"等战略,解决国内油气供应的不平衡;另一方面,从国外进口大量石油和天然气,现已建成中哈、中俄输油管网以解决国内石油、天然气总量和生产能力不足的问题。管道运输业已经成为继铁路运输、公路运输、航空运输、水路运输之后的第五大运输方式,是能源输送的"大动脉"。我国油气管网的大规模铺设始于 20 世纪 70 年代,多年来随着全国各地油气资源不断被发现,油气管网建设发展迅速。

管龄增加、自然灾害等因素会导致输油管道破损或者腐蚀,发生管道泄漏,而管道泄漏污染物进入土壤中,下渗迁移至水体,会破坏土壤原有的生态结构,降低土壤的肥力,同时也会污染地下水质。本书作者(东北石油大学埋地管道传热研究室)多年来对油气管道泄漏污染物在土壤中迁移传递的特性进行研究,分析了泄漏污染物在土壤类多孔介质中的迁移影响机制,获得了埋地输油管道打孔盗油及其泄漏过程传热研究方法,对发展原油污染土壤类多孔介质修复及地下输油管道泄漏检测技术具有重要意义。本书在撰写过程中,为了便于读者理解,附有算例分析,内容充实、新颖、实用,可用于埋地管道泄漏传热传质的理论学习,也可作为输油管道泄漏及盗油红外检测技术的理论参考依据。

本书凝聚了东北石油大学埋地管道传热研究室所有人员近十年的心血,部分成果得到了中国石油科技创新基金研究项目"油气管道泄漏介质光谱特性及其对激光检漏影响研究"(编号:2015D-5006-0605)、中国国家自然科学基金面上项目"地下输油管道泄漏过程中多相流动及热质耦合传递特性研究"(编号:51274071)、中国博士后科学基金面上资助项目"油气管道泄漏污染物光谱特征及其地面红外传输机理研究"(编号:2014M560246)、中国石油天然气股份有限公司科技风险创新研究项目"基于红外成像技术油田盗油地表温度场特征识别技术研究"(编号:05051153)、黑龙江省教育厅科研项目"地下输油管道泄漏红外检测若干问题研究"(编号:11551009)等多项科研项目资助。

　　本书由东北石油大学齐晗兵、王秋实、吕妍、李栋，北部湾大学吴国忠和中石化广州工程有限公司刘杰等共同撰写，他们均具有多年的埋地输油管道泄漏污染物迁移机理研究经验，并一直从事油气集输系统传热传质的相关科研研究，在理论和实验研究方面具有扎实的基础和丰富的经验。本书各章的撰写分工如下：吕妍撰写第 1、5 章，刘杰撰写第 3、4 章，王秋实撰写第 2、7、8 章，齐晗兵撰写第 6 章；全书由李栋教授和吴国忠教授统稿。同时，张晓雪、邢永强、杨露、李东海等也参与了校稿工作。本书在撰写过程中参考了很多专家、学者的著作和研究成果，在此一并表示衷心的感谢。

　　限于作者水平，书中难免存在疏漏及不妥之处，敬请读者和同行批评指正。

作　者

2020 年 6 月

目　　录

第1章 绪 论

1.1 埋地输油管道泄漏污染物研究背景

随着国民经济的发展和能源战略的需要,输油管道建设逐渐扩展,我国埋地管道总长度已经超过了 6 万 km,大量的输油管道埋藏在地下构造成为强大的输油管网,埋地输油管道已经成为一种很重要的能源输送方式。埋地输油管道运行稳定,安全方便,在能量运输中扮演了极其重要的角色,是世界能源运输中经济、安全的首选。

输油管道受管龄、自然、灾害等因素影响,发生不可避免的腐蚀或破坏,导致管道安全事故频发,老龄管道大都运行了近 20 年或更长时间,管龄与管道发生事故可能性之间的关系如图 1.1 所示。管道事故常伴随原油泄漏,造成环境污染。管道泄漏污染物多含有毒烃类物质,其泄漏可能引起土壤中生物基因突变,增加水体的致癌物质,严重影响人类健康和生命安全。除此之外,输油管道泄漏影响能源输送安全,还会导致土壤热力学性质变化,引起环境安全问题。

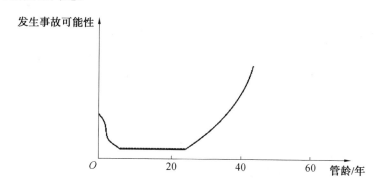

图 1.1 管龄与管道发生事故可能性之间的关系

管道泄漏检测方法众多,主要分为直接检测法和间接检测法:直接检测法是根据泄漏的介质进行检测,具体方法有人工巡视、探测器探测、管外铺设特殊电缆等;间接检测法是根据泄漏时所产生的附加表象检测泄漏,主要有负压波法、流量平衡法、压力梯度法、声波法等。目前的泄漏检测与定位技术难以很好地解决实际现场的检测灵敏度与误报警之间的矛盾及定位精度较低等问题,特别是在小流量泄漏、管道多点泄漏、管网泄漏等情况中。而且管道泄漏检测和定位技术的研究多是在单根管道上的单点泄漏进行的,对于管道多点泄漏、管网泄漏研究目前还很少见。该方面的研究对解决管道实际运行状况具有更直接的现实意义。国内学者研究了大量非接触测量方法在管道泄漏检测中的新应用,吴国忠教授利用红外热成像技术对管道泄漏检测做了大量的实验,验证了红外热成像技术在管道防盗检测中的可行性。此外,还有大量有关红外光谱吸收技术、超声波技术、遥感技术、光纤技术等先进技术综合应用的研究。

因此,开展埋地输油管道泄漏污染物的迁移研究,有助于解决输油管道设计、施工、检测和泄漏污染土壤修复等实际工程中面临的一系列科学基础和技术问题,具有显著的理论价值和工程意义。

1.2　埋地输油管道泄漏污染物迁移研究现状

石油类有机污染物在土壤中迁移转化的理论基础是水动力弥散问题。Bear 将水动力弥散现象解释为可溶混流体的驱替问题,他提出了确定各种参数的研究方法,将实际的多孔介质简化为一个假想的模型,利用微观和介观的统计理论进行研究,利用宏观的数学方法描述模型中发生的弥散现象。近年来,国内外专家相继研究发现,水在非饱和带内流动的实质是多孔介质中水气两相互不溶混流体相互驱替的过程。由于气相的存在对土壤的吸力和水的渗透系数产生较大的影响,研究污染物在土壤中迁移转化时必须考虑气相的作用。Lenhard 和 Parker 基于两相饱和度－压力关系对气－NAPL(Non－aqueous Phase Liquid,非水相液体)－水三相情况进行研究,将所提出的修正模型的预测结果与三相的饱和度－压力测量值进行比较。薛强等探讨了多孔介质中污染物的动力学迁移特征,通过建立土壤水环境中有机污染物迁移的动力学模型,将多孔介质中污染物的传输过程概括为动力学多场耦合问题。上述研究为本书中通过室内渗透实验方法,研究单相水和油水混合流体通过多孔介质的相对渗透系数与孔隙比、饱和度之间的关系提供了理论依据。

关于石油污染物迁移问题的理论研究起步较早,基础理论比较成熟,从分子扩散定律到渗流理论,再到多孔介质的迁移动力学,已逐步深入到讨论石油污染物在土壤介质中吸附机理的微观层面。对埋地输油管道泄漏污染物的迁移过程有了大致描述,对其迁移机理有了初步认识,但仍停留在概念模型描述层面,较为深入的参数分析尚处于认知阶段,较成熟的多孔介质多相渗流理论和溶质运移的动力学理论为埋地输油管道泄漏污染物多相流迁移的研究提供了理论基础。国内外对于埋地输油管道泄漏污染物在多孔介质中迁移的研究,主要可分为实验研究、理论研究、数值研究等方面。其中,污染物迁移研究机理重点是研究其在多孔介质中的多相流模型,其原因是埋地输油管道泄漏污染物在土壤中迁移时,油、水、气之间存在一个动态平衡过程,而且在土体的孔隙中三相流体处于动态性的总体平衡状态。

1.2.1　实验研究

土壤作为固－液－气构成的多介质复杂体系,既是环境中诸多污染物的最终载体,又是污染物自然净化的重要场所。埋地输油管道泄漏污染物进入土壤后,主要经历以下几个过程:①与土壤颗粒的吸附/解析;②挥发和随土壤颗粒进入大气;③渗滤至地下水中或随地表径流迁移至地表水中;④通过食物链在生物体内富集或被生物和非生物降解。

Biggar 等考察了阿拉斯加湖周边的石油污染区域,并对其进行了研究,结果发现NAPL 的迁移动力主要是毛细作用力和重力。齐晗兵等采用有限体积法研究了冻土环境对油相污染物迁移的影响,得到了油相污染物在土壤中迁移的冻土温度分布。Chuvi-lin 通过实验研究发现,石油污染物的迁移状况与土壤多孔介质的粒径、含盐量和冷生结构存在密切的关系。Oostrom 等通过实验研究了三氯乙烯在砂类非均匀多孔介质中的迁移规律,测量了三氯乙烯在多孔介质中的饱和度,结果发现渗透率对三氯乙烯迁移速度影响较大。

符泽第搭建了二维埋地管道泄漏实验平台,如图 1.2 所示,分析了柴油在沙箱中的扩散规律,并将结果与数值仿真结果进行了对比。郑西来等采用氯化钠作为示踪剂,通过实验测定了污染物在地下水中的迁移状况,并测定出其弥散系数,由实验数据分析发现,溶解油吸附等温线可以用来评价地下水的污染情况。徐炎斌等应用有限元计算方法,对非饱和土壤中两相污染物迁移过程进行了模拟分析,研究了 NAPL 在饱土壤中的迁移扩散情况,并分析了渗透系数和土壤性质对污染物迁移的影响规律。

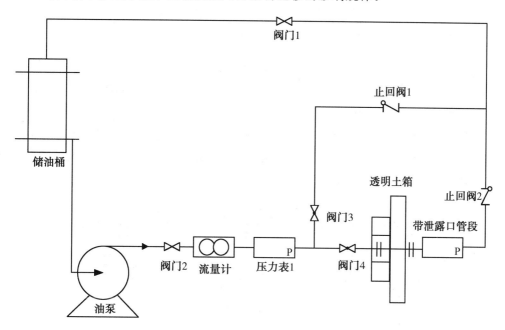

图 1.2 二维埋地管道泄漏实验平台示意图

李国玉等分析了淋滤作用下中俄原油管道石油污染物的迁移过程,通过室内模拟实验发现,土壤孔隙中油水气三相流体处于动态性总体平衡状态,其中石油污染物成分不同,其对应迁移能力也有差别,这种差别与有机物质成分中分子碳排列存在着一定的关系。楚伟华等通过实验分析了土壤环境下石油泄漏污染物的迁移状况。薛强和梁冰通过土柱实验发现,通过不同土质对石油泄漏污染物的迁移状况有较为明显的影响,尤其对污染物的淋滤深度影响明显,其中土柱实验装置图如图1.3所示。

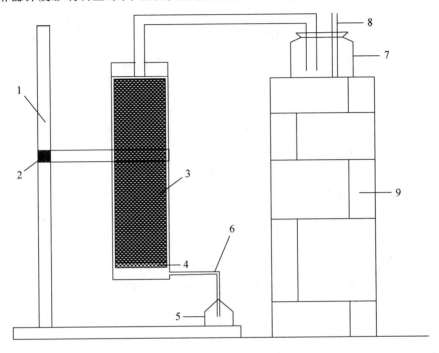

图 1.3 石油淋滤土柱实验装置图

1—支架;2—钢夹;3—实验土柱;4—筛网;5—集液瓶;6—导管;

7—马利奥特瓶;8—导气管;9—基座

国内外学者对不同条件下的污染物在土壤多孔介质中的吸附、解析、扩散、对流弥散等进行了土柱实验研究,一般的实验思路如图1.4所示。土柱实验装置也可通过改变条件来完成不同环境下的污染物迁移实验。

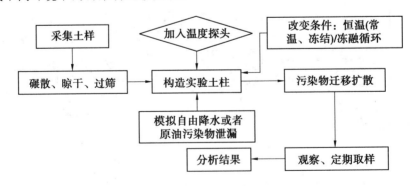

图 1.4 污染物迁移模拟实验流程图

1.2.2　数值研究

一般情况下,描述流体流动方程都是很复杂的,很难求得解析解。而数值模拟方法可以对这些微分方程进行离散求解,与实验方法对比,数值模拟方法耗费小,不易受环境影响。随着计算流体力学的成熟发展和高性能计算机的出现,该方法已被广泛应用于流体力学的各个领域。

(1)采用数值模拟方法研究多孔介质问题时,根据多孔介质传输问题对研究方法所涉及的研究对象和研究范围加以区分,可分为分子水平、微观水平和宏观水平三类。

①分子水平。所谓分子水平,就是将多孔介质中流体的分子运动作为研究对象,根据经典力学与能量分析,获得分析运动与能量传递的变化规律。显然,从分子水平来观察研究,需要建立大量数学方程,还要做出各种假定,而这些假定也不是非常符合实际的。一般来说,分子水平传递过程的数学表达式很难得到,而对其求解则更复杂。

②微观水平。为了获得工程需要的定量描述,常采用另外一种方法,即不去深究流体微观粒子的构成和运动,而将多孔介质及其孔隙中的流体视为连续介质。在连续介质中的每一个质点处,是一个具有可容纳许多液体分子的集合体,质点集合体所占据的区域远远大于分子平均自由程,但与整个连续介质相比,它又是足够小的。这样可从某种平均意义上确定该质点处的各种物理参数。这种研究方法称为微观水平,也称为孔隙尺度(Pore scale)上的研究。

③宏观水平。基于宏观水平的研究不需要知道多孔介质结构的详细信息,假设多孔介质中的流体和固体都是连续介质,并假设它们在空间各点都是连续分布的,流体与固体介质之间可以发生相互作用。在构造相应的数学模型时,需要在宏观水平上对多孔介质内某一点的参数进行统计平均,真实的参数值通常取对应的一定范围内的平均值,其对应的平均范围也称为表征体元(Representative Elementary Volume,REV)。采用 REV 尺度研究多孔介质流动时,由于需要知道各种参数的平均值,而这些平均值大多通过经验公式得到,因此其合理性和准确性有待于进一步验证。

(2)根据所采用的流体模型或者设计出发点的不同,数值模拟方法可以分为微观尺度、宏观尺度和介观尺度三类。

①微观尺度。微观尺度上主要有分子动力学方法,其以原子或分子为研究对象,分子动力学模拟处理多孔介质时,需要非常大的计算量、存储量和计算时间,目前采用这类方法来研究多孔介质内流动问题的工作比较少。

②宏观尺度。宏观尺度上主要有有限元法、有限体积法和有限差分法等,宏观数值模拟一般是使用相关流体计算软件进行数值模拟或者在大尺度下进行仿真研究。已有学者利用宏观尺度对土壤渗流过程进行数值模拟,例如,吴国忠等利用 FLUENT 软件模拟了输油管道在泄漏后泄漏介质对大地温度场的影响,并研究了各个泄漏点间的相互影响。张海玲对严寒地区的管道泄漏情况进行了数值模拟,分析了相变对泄漏模拟结果的影响

规律,但是由于多孔介质本身结构的复杂性,会存在边界条件难处理和并行效率低等缺点。

③介观尺度。介观尺度以分子或原子团构成的微观粒子为研究对象,该方法既具有微观方法假设条件较少的优点,又具有宏观方法不关心分子运动细节的优势,最近十几年迅速发展起来的格子 Boltzmann 方法(Lattice-Boltzman Method,LBM)是介于宏观和微观之间的一种尺度,即属于介观方法,由于其并行效率高,边界处理简单,程序易于实施等优点,非常适用于对多孔介质的流动进行微观模拟,但与传统的宏观模拟不同,思维方式和建模手段更为复杂。

目前,对于输油管道泄漏污染物在土壤类多孔介质中迁移的数值模拟可分为宏观和介观两个方面。

a.宏观尺度数值模拟。埋地输油管道泄漏石油污染物的迁移转化过程十分复杂,基于理论研究和实验研究的广泛开展,可采用数值模拟预测污染物的迁移及分布特征。石油在土壤—水环境系统中的运移要经历包气带、毛细带和包水带三个阶段。包气带的渗透阶段发生非饱和多相流渗透现象,石油污染物除了部分被吸附,其余的在重力作用下发生迁移。输油管道泄漏污染物在土壤中的迁移过程属于多孔介质中的多相流迁移问题,也就是在多孔介质中存在油、气、水三相共存的状态。一般采用 Fluent 仿真分析对流体进行研究,其工作流程如图 1.5 所示。

Pennell 等建立了非饱和条件下非水相有机物(十二烷)在土柱中的迁移数学模型,发现表面活性剂溶解残余十二烷的能力较强。李南生等在水热模型和介质特性研究基础上,首次给出一种计算冻土温度场的新算法(Cheby—Shev 拟谱法),该高精度计算方法实现了一定条件下的冻土水热耦合输运模拟。

王东海、李晓华和束善治等分别利用土柱淋滤、渗透实验和离心模型实验模拟了非饱和土壤中互不相溶流体的渗流规律,研究得出在土壤介质中石油污染物的浓度与迁移深度间的相互关系,作为石油污染物中的主要成分,芳烃在土壤介质中由上至下逐层增多。石油污染物在毛细带中由于重力和毛细力的共同作用,发生空间上的迁移现象,并逐渐形成一个污染面带。当石油污染物进入包水带后除部分随地下水流动,其余部分则被短暂截留在毛细带周围,在降雨淋溶的作用下,进一步进入地下水造成污染。石油污染物在土壤—水环境中的迁移为多相渗流现象,迁移过程的数学模型包括非水相流体、水、气在地下环境系统中渗流的数学模型和非水相流体在水相和气相中浓度分布的数学模型。

通过建立 NAPL 模型,研究水与互不相溶流体在土壤介质中流动的三维数学模型,可以更进一步研究在渗流区域场和石油污染物浓度场内,石油污染物发生迁移变化的情况。Faust 等通过假定研究区域内的气体为大气压力,建立了一种描述水与互不相溶流体在多孔介质中流动的三维数学模型,在充分考虑各相间毛细作用及气相影响的基础上,将问题简化为忽略了气相方程而求解水和互不相溶流体之间流动的数学方程,该模型可用来解决地下水和互不相溶污染物流动的一系列问题。Feleke 等根据有限应变原理在

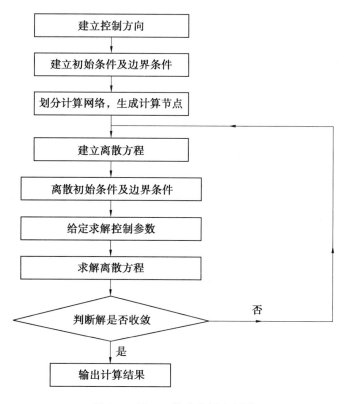

图 1.5　Fluent 仿真分析流程图

非线性条件下的应用,在考虑土壤介质的孔隙度、渗透系数等特性的基础上,建立了垃圾填埋场土衬垫层的固结数值模型,求解了瞬态条件下对流扩散方程的数值解。Jaiswa 等建立了均匀介质在均匀流条件下,弥散系数与时间的关系模型,以及改变介质和条件时,弥散系数与空间的关系模型,采用拉普拉斯变换方法得到在半无限区域内脉冲输入条件下的解析解情况。Lee 等通过实验模拟的方法分析固结对污染物运移变化的影响,得出对流作用的产生是迁移过程中的主要影响因素的结论。Yadav 等通过假设流速和弥散系数均为时间和距离的函数,建立了半无限区域内非均质土壤介质的对流弥散模型,并获得了脉冲注入条件下的解析解。

　　叶常明通过建立有机污染物在多孔介质环境中的非平衡态模型,分析了有机污染物在多孔介质中的迁移变化情况。邓英尔、刘慈群通过对低渗透非线性渗流的连续函数模型进行研究,建立了低渗透非线性渗流的数学模型,利用定量数值分析了石油运移过程中多相流动的变化规律。王洪涛用数值模拟了土壤介质中石油污染物的迁移过程,阐述了石油污染物在土壤介质中的运移变化规律。邢巍巍等模拟了轻非亲水相污染物在均质和含夹层条件下的非饱和土壤介质中的运移过程,分析了轻非亲水相污染物在非饱和土壤介质中的迁移变化情况。吴照群等用数值模拟了非水相流体在土壤介质中的运移变化过程,分析了多相流中各相的渗透系数、饱和度和毛细压力之间的相互关系。通过已经得到的模拟结果可以看出,数值模拟能够有效研究非水相流体在土壤介质中的运移变化过程,而参数的确定成为研究有机污染物在土壤等多孔介质中迁移转化规律的重要方向,由于缺乏关于有机污染物饱和度分布定量化的实验数据,缺少了对于数学模型的进一步验证,也在一定程度上限制了数学模型的发展。石油污染物进入土壤—水系统后,在物理、化学和生物过程的相互影响下发生运移变化,最终表现为石油污染物在土体中宏观的迁移转化规律。吴国忠课题组多年从事埋地管道及其泄漏过程传热传质的理论及相关实验研究工作,取得了许多显著成果。

窦智等用数值分析了土壤多孔介质内油水两相迁移过程,通过研究得出了相对渗透率与饱和度的相关性曲线。Lenhard等研究了多相流的饱和度与压力关系,将二相体系推广到三相体系中,并与实际测出的三相油水气饱和度—压力值进行对比。王洪涛等建立了埋地输油管道泄漏污染物在土壤多孔介质中一维、二维的迁移模型,给出了部分污染物扩散迁移方程及其理论解,分析了泄漏污染物在土壤多孔介质中的迁移规律。吴国忠等对埋地输油管道泄漏污染物传热进行了数值分析,通过简化相应模型得出了不同泄漏条件对泄漏过程中地表温度场的影响。

目前研究表明,互不相溶两相流体在多孔介质中的迁移一般采用NAPL模型,而且其可模拟泄漏区域内污染物在土壤多孔介质中的迁移扩散过程。Faust等在充分考虑了互不相溶两相作用力的基础上,构造出了一种在多孔介质中互不相溶流体迁移的物理模型,可模拟地下水与不相容流体在土壤多孔介质中的迁移流动问题。Feleke等研究了在非线性条件下土壤多孔介质孔隙的性质及污染物渗透系数,获得了污染物迁移的对流扩散规律。Jaiswa等构造了均匀多孔介质条件下的弥散系数模型,通过改变多孔介质的种类及性质分析了弥散系数与其相关性,得到了不同条件下的弥散系数。

目前埋地管道石油泄漏污染过程研究主要为实验和宏观数值模拟,而且取得了丰硕的研究成果,为石油污染物迁移过程、机理及治理等研究奠定了坚实的基础。然而,国内外研究表明,在土壤孔隙条件下污染物的迁移特性会直接影响其宏观迁移规律,因此开展土壤孔隙条件下污染物的流动研究可为其宏观精确分析提供一定的理论依据。

b.介观尺度数值模拟。格子Boltzmann方法是一种新兴的研究流体介观流动的数值模拟方法,在理论和应用上都发展迅速并且得到了良好的效果,逐渐成为研究流体领域的热点方法。在流体力学上,格子Boltzmann方法应用广泛,在多孔介质、多相多质流、化学反应流、磁体流等领域得到应用。格子Boltzmann方法是一种离散粒子统计模拟手段,具备并行运算快、边界简单、程序易于实施等优点。

但是,目前采用格子Boltzmann方法研究多孔介质中污染物迁移的文献相对较少。Hasanpour等通过Brinkman Forchheimer模型分析了多孔介质中的单相流动,结果发现在低达西数和孔隙率条件下单相流体运动相对稳定,其温度扩散分布均匀。刘慕仁等应用格子Boltzmann方法中的D1Q3模型模拟了一维反应扩散问题,基于Chapman—Enskog展开确定了分布函数中的系数,并得出了一维反应扩散问题的介观方程,模拟发现其结果与理论解吻合较好。

早在 1988 年,D. H. Rothman 将格子气自动机方法用于多孔介质的微观流动模拟中,预测了渗透率并验证了达西定律。在 1989 年,Succi 等首次应用格子 Boltzmann 方法对三维随机多孔介质内的流动问题进行了数值模拟,并且分析了渗透率与孔隙率之间的关系,验证了达西定律。Kim 等在模拟椭圆柱面周期性阵列多孔介质时对达西定律进行了非线性修正,他们发现主要的修正是以流体平均速度为函数的三阶齐次方程,并且方程的系数只取决于系统的几何结构,椭圆柱面形状的变化对系数的影响很小。

Heijs 和 Lowe 首次利用格子 Boltzmann 方法对随机排列的球体和黏土两类多孔介质进行数值模拟,并研究了 Kozeny 常数。Adrover 和 Giona 研究了大孔隙率下的二维随机多孔介质流体流动,并测定了 Kozeny－Carmen 公式中经验常数。

钱吉裕等利用 D2Q5 模型计算了复杂结构的多孔材料的有效导热系数,分析了多孔材料有效导热系数与材料孔隙率、单位面积孔隙数和骨架形状等参数之间的关系,并提出了一个计算有效导热系数的估算公式。随后他们利用 LB(Lattice-Boltzman) 相变模型,模拟了石蜡填充到多孔金属后顶端受热冲击后的相变过程,计算结果说明相变材料填充到多孔金属中能显著增加该复合材料的表观导热系数。赵凯等对 CPL/LHP 毛细芯的导热过程进行模拟,研究了热负荷、孔隙率等因素对导热过程的影响,并且计算了三维多孔介质的导热系数。

刘日武模拟了 H_2、N_2、CO_2 三种气体在致密多孔介质中的流动,再现了 Klinkenberg 效应。Tang 等研究了努森数对 Klinkenberg 效应的影响。严微微等对二维方腔多孔介质自然对流进行模拟,分析了孔隙率和孔隙度变化对自然对流传热的影响。戴传山等对右半部分为多孔介质、左半部分为自由空间的二维方腔进行了模拟,研究了界面的热质传递和冷壁面自然对流传热问题。

Koponen 等利用格子 Boltzmann 方法研究了三维纤维介质渗透率,并得出渗透率大小随孔隙率呈指数变化的结论,他们首次从数值模拟的结果中拟合出了适用范围比较大的渗透率的表达公式。钱吉裕等利用 D2Q9 不可压 LBM 模型模拟了泡沫金属材料的流场,验证了达西定律,并且提出了一种计算渗透率的简便方法。柴振华等利用多松弛模型和达西定律准确地预测了正方形圆柱阵列和随机圆柱多孔介质的渗透率,他发现多松弛模型比 BGK 模型更具有优势。

Pan 等研究了由圆球体构成的随机多孔介质的渗透率与雷诺数的关系。Singh 和 Mohanty 对三维随机介质流动进行了模拟,研究了孔隙率和空间相关性对渗透率的影响。王华龙等模拟了顺排和错排两种孔隙群结构的气体流动,分析了平均压力和 Knudsen 数对渗透率的影响。张磊等建立了 Kundsen 数修正固体边界并考虑镜面反弹的格子 Boltzmann 模型,对扫描电子显微镜扫描图像重构得到的数字岩心模型进行了模拟,结果表明:Kundsen 数修正后通道中间部分流体速度增大,固体边界处流速减小;压力不变时,随着孔隙直径变小,Kundsen 数增大,渗透率减小。王金波等利用单松弛模型对三维孔隙岩石气体渗流进行模拟,分析了孔隙结构特征与渗透率的关系,他们发现随着"岩石颗粒"

粒径的增大,渗透率也增大,并且点概率函数与线性路径函数距离坐标原点的偏离程度能够很好地反映孔隙岩石渗透率的大小。

许多学者对格子 Boltzmann 模型进行了修正。Dardis 和 McCloskey 为反映反弹格式的影响,在标准格子 Boltzmann 中增加一阻力项。Spaid 和 Phelan 基于 Brinkman 模型,提出了一种模拟多孔介质流动的格子 Boltzmann 模型。Martys 对该模型进行了改进,改进的方法消除了速度的二阶误差并且提高了模拟的稳定性。Guo 等提出了一种新的模型用于模拟等温不可压缩流动,并且模拟了顶盖驱动流、泊肃叶流等流动,得到的结果与解析解或数值差分解吻合良好。

Manz 等利用格子 Boltzmann 方法模拟研究了 Peclet 数和 Reynolds 数对流动的影响,但他们使用的多孔介质与实验测量的材料完全相同,计算结果与实验结果定量一致,从而证明了格子 Boltzmann 方法模拟孔隙尺度的可信性。何莹松研究了煤矿开采过程中的回采工作面瓦斯渗流问题,得到了不同时刻煤层中的瓦斯压力分布和流速分布,证明了格子 Boltzmann 方法可以成功模拟工程上的大尺度渗流问题。

研究发现,输油管道泄漏污染物在土壤的土水气系统中的迁移过程是各种力对其共同作用的结果。例如,黄海波等提出了一种采用多松弛时间的 LBM 修正模型(Multiple-Relaxation-Time/Rothman and Keller,MRT R-K),采用非平衡边界反弹处理速度和压力边界,在考虑动力黏度不同条件的情况下对不混溶两相流体进行了模拟。黄海波还使用 Boltzmann 方法模拟了油水两相流体在多孔介质中的二维驱替现象,通过模拟得出了在驱替过程中油水两相的相对渗透率。

Nabovati 等模拟研究了惯性流体在高孔隙率多孔介质中的二维和三维流动过程,考虑黏性条件和惯性作用,分析了雷诺数 $10^{-4} \sim 10^2$ 范围内单松弛时间下其压力梯度和容积平均速率的关系。Nestler 等利用格子 Boltzmann 方法中不可压缩流体模型,结合相场动力学方程模型中的多参数条件,分析了多孔介质的渗透率,采用平滑反弹条件研究了其在湿润条件下的渗透率变化。

Ghassemi 等利用格子 Boltzmann 方法分析了油水储层中多相流在多孔介质中的迁移状况,发现多孔介质的特性(如颗粒大小及孔隙结构)和液体的特性(黏度)对油水相的渗透率有很大的影响,但液体黏度比对湿润液体有影响而对非湿润液体无影响。Taghilou 等模拟了油滴在土壤多孔介质中的迁移过程,结果发现增加雷诺数、弗劳德数、孔隙度和密度比等会导致渗透率增加,而韦伯数增加会使渗透率减小。Seaton 等基于格子 Boltzmann 方法单松弛时间,模拟了在二维有界声速场下的油水两相流动,采用宏观表面张力和界面相分离的运动学条件,分析了油滴入水的迁移过程,通过理论和其他模拟手段进行了格子 Boltzmann 方法模型验证。Maslo 等基于格子 Boltzmann 方法建立了石油泄漏大尺度模型,分析了黎巴嫩石油泄漏案例,验证了漏油事件中的石油泄漏位置和浓度。

埋地输油管道泄漏多为油水两相污染物泄漏迁移,一般需要相应的多孔介质内多相流迁移模型。格子 Boltzmann 方法中目前常用的多相流模型主要有着色模型、自由能模型和伪势 SC(Shan－Chen)模型三种。

朱益华等应用伪势 SC 模型,基于格子 Boltzmann 方法研究了岩石缝隙中油水两相的分离过程,分析了孔隙中油水两相分离现象,确定了界面张力因子值计算方法。李娟等也采用多相伪势 SC 模型数值研究了单通道中壁面上的液滴驱替,发现在驱替过程中两相流体分子质量比对临界邦德数存在一定的影响,还采用伪势 SC 模型研究了液体中气泡的分离过程,发现通过 Young－Laplace 定律可以确定多相流模型中的参数 G。

上述文献表明格子 Boltzmann 方法中的伪势 SC 模型适用于模拟小密度比的情况,然而钟敏改进了伪势 SC 模型,使用改进后模型模拟了大密度比的两相液滴相溶过程,其中密度比可达 175,模拟结果与实验值吻合较好。

安红妍等采用格子 Boltzmann 方法中的着色模型进行了多个传统算例的模拟,其中包括单液滴松弛、双液滴融合、界面张力 Young－Laplace 定律验证、互不相溶两相流动等,研究发现单液滴稳定性与液滴本身的黏性相关(黏性大的更为稳定),双液滴的融合与液滴的界面张力相关(界面张力大的液滴更易融合),互不相溶的两相在水平通道内流动过程中有明显的界面。张新民等采用格子 Boltzmann 方法中的伪势 SC 模型模拟了多孔介质孔隙中的气液两相流迁移过程,结果说明该方法在理想状态下可模拟多孔介质孔隙两相流动过程。

目前,采用格子 Boltzmann 方法研究埋地输油管道泄漏污染物迁移的文献很少。针对泄漏污染物涉及的多孔介质内多相流问题,众多前辈学者已经取得了大量的研究成果,其研究方法和结论可为本书利用格子 Boltzmann 方法求解埋地输油管道泄漏污染物多相流动迁移过程提供理论支持。

本章参考文献

[1] 廖翔鸿. 石油对环境污染及治理办法的研究进展[J]. 科技视界,2013(20):149.

[2] 王莉莉. 管道泄漏检测技术的研究[D]. 大连:大连理工大学,2010.

[3] 刘恩斌,李长俊,彭善碧. 应用负压波法检测输油管道的泄漏事故[J]. 哈尔滨工业大学学报,2009,41(11):285-287.

[4] 杨荣根,任明武,叶有培. 广义相关时延估计在管道泄漏检测中的应用[J]. 计算机工程,2009,35(12):214-215.

[5] HE S, ZOU Y L, YUAN Z M, et al. Feasibility study on pipeline leakage detection under pressure testing using numerical inversion technology[C]. Reston:American Society of Civil Engineers,2009.

[6] 周琰,靳世久,曾周末,等. 分布式光纤管道泄漏检测及预警技术灵敏度分析[J]. 纳米技术与精密工程,2008,9(6):372-375.

[7] VERDE C, MORALES-MENENDEZ R, GARZA L E, et al. Multi-Leak diagnosis

in pipelines—a comparison of approaches[C]. Washington：IEEE Computer Socie-ty，2008.

[8] DONNELLY A，BOND A，LAVEN K. Application of advanced leak detection tech-nologies in portugal[C]. Reston：American Society of Civil Engineers，2009.

[9] ZHAO J，HAO C Q，ZHAO Y B，et al. Research on crude oil pipeline leakage de-tection and location based on information fusion[C]. Washington：IEEE Computer Society，2009.

[10] 吴国忠，李栋，魏海国，等. 红外成像技术在管道防盗检测中的应用可行性[J]. 油气储运，2005，24(9)：49-50.

[11] WU G Z，SONG F F，LI D. Infrared temperature measurement and simulation of temperature field on buried pipeline leakage[C]. Reston：American Society of Civil Engineers，2009.

[12] 李栋，吴国忠，李永柱，等. 基于红外成像的埋地热油管道定位方法[J]. 管道技术与设备，2008(3)：22-23.

[13] SERGIY S，TOMAS R. Theoretical base for pipeline leakage detection by means of IR camera[J]. Proceedings of SPIE—The International Society for Optical En-gineering，2001,34(5)：177-183.

[14] 沈功田，刘时风，王玮. 基于声波的管道泄漏点定位检测仪的开发[J]. 无损检测，2010，32(1)：53-56.

[15] 潘莉. 数据挖掘技术在 SCADA 告警信息分析中的应用研究[D]. 北京：华北电力大学，2006.

[16] 郑志受，林伟国. 基于压电传感器的管道泄漏信号可靠性识别技术研究[J]. 计量学报，2006，10(4)：344-346.

[17] 周彦儒，王晓红. 航空热红外遥感在探测石油管道中的应用[J]. 国土资源遥感，1998，9(3)：86-89.

[18] 袁朝庆，刘迎春，刘燕，等. 光纤光栅在热力管道泄漏检测中的应用[J]. 无损检测，2010，32(10)：791-798.

[19] 袁朝庆，刘燕，才英俊，等. 利用光纤温度传感系统检测天然气管道泄漏[J]. 天然气工业，2006(8)：116-119.

[20] BEAR J. 地下水水力学[M]. 许绢铭，李峻亭，译. 北京：地质出版社，1986.

[21] LENHARD R J，PARKER J C. Measurement and prediction of saturation‐pres-sure relationships in three phase porous media systems[J]. Journal of Contaminant Hydrology,1987,1(4)：407-424.

[22] LENHARD R J，JOHNSON T G，PARKER J C. Experimental observations of non-aqueous-phase liquid subsurface movement[J]. Journal of Contaminant Hy-

drology，1993，12(1/2)：79-101.

[23] LENHARD R J，OOSTROM M，DANE J H. A constitutive model for air-NAPL-water flow in the vadose zone accounting for immobile，non-occluded（residual）NAPL in strongly water-wet porous media[J]. Journal of Contaminant Hydrology，2004，73(1/4)：283-304.

[24] LENHARD R J, MEAKIN P. Water behavior in layered porous media with discrete flow channels：results of a large-scale experiment[J]. Vadose Zone Journal，2007，6(3)：458-470.

[25] PARKER J C, LENHARD R J, KUPPUSAMY T. A parametric model for constitutive properties governing multiphase flow in porous media[J]. Water Resources Research，1987，23(4)：618-624.

[26] KUPPUSAMY T, SHENG J, PARKER J C，et al. Finite-element analysis of multiphase immiscible flow through soils[J]. Water Resources Research，1987，23(4)：625-631.

[27] 张新明，刘家琦，刘克安. 孔隙介质中汽液两相流数值模拟的 Lattice-Boltzmann 方法[J]. 黑龙江大学自然科学学报，2011，28(3)：306-311.

[28] 薛强. 石油污染物在地下环境系统中运移的多相流模型研究[D]. 阜新：辽宁工程技术大学，2004.

[29] 吴国忠，庞丽萍，卢丽冰，等. 埋地输油管道非稳态热力计算模型研究[J]. 油气田地面工程，2002(1)：95-96.

[30] 吴国忠，李栋，齐晗兵. 网格划分对埋地管道传热计算的影响分析[J]. 油气储运，2007(12)：23-25.

[31] 吴国忠，邢畅，齐晗兵，等. 输油管道多点泄漏地表温度场数值模拟[J]. 油气储运，2011(9)：677-680.

[32] PRAT M. Analysis of experiments of moisture migration caused by temperature differences in unsaturated porous medium by means of two-dimensional numerical simulation[J]. International Journal of Heat & Mass Transfer，1986，29(7)：1033-1039.

[33] SHERIDAN J, WILLIAMS A, CLOSE D J. An experimental study of natural convection with coupled heat and mass transfer in porous media[J]. International Journal of Heat & Mass Transfer，1992，35(9)：2131-2143.

[34] ILLICH R M, CARVALHO M S, VLADIMIR A. Experiments and network model of flow of oil-water emulsion in porous media[J]. Physical Review E Statistical Nonlinear & Soft Matter Physics，2011，84(4)：046305(1/7).

[35] 李永霞，郑西来，马艳飞. 石油污染物在土壤中的环境行为研究进展[J]. 安全与环

境工程，2011，18(4)：43-47.

[36] FINE P, GRABER E R, YARON B. Soil interactions with petroleum hydrocarbons：Abiotic processes[J]. Soil Technology, 1997, 10(2)：133-153.

[37] ISHAI D, ZEV G, RENE P, et al. Abiotic behavior of entrapped petroleum products in the subsurface during leaching[J]. Chemosphere, 2002, 49(10)：1375-1388.

[38] BIGGAR K W, HAIDAR S, NAHIR M, et al. Closure of "site investigations of fuel spill migration into permafrost"[J]. Journal of Cold Regions Engineering, 1999(12)：165-166.

[39] 齐晗兵，刘杰，刘洋，等. 冻土对埋地输油管道泄漏污染物迁移的影响分析[J]. 当代化工，2014，43(10)：2149-2152.

[40] CHUVILIN E M, MIKLYAEVA E S. An experimental investigation of the influence of salinity and cryogenic structure on the dispersion of oil and oil products in frozen soils[J]. Cold Regions Science & Technology, 2003, 37(2)：89-95.

[41] OOSTROM M, HOFSTEE C, WALKER R C, et al. Movement and remediation of trichloroethylene in a saturated heterogeneous porous medium：1. Spill behavior and initial dissolution[J]. Journal of Contaminant Hydrology, 1999, 37(1/2)：159-178.

[42] 符泽第. 埋地成品油管道小孔泄漏扩散的数值仿真模拟[D]. 北京：北京交通大学，2014.

[43] 郑西来，刘孝义，杨喜成. 地下水中石油污染物运移的耦合模型及其应用研究[J]. 工程勘察，1999(2)：37-41.

[44] 徐炎兵. 非饱和土两相流模型及其应用研究[D]. 武汉：中国科学院研究生院(武汉岩土力学研究所)，2008.

[45] 李国玉，马巍，穆彦虎，等. 多年冻土区石油污染物迁移过程试验研究[J]. 岩土力学，2011，33(S1)：83-89.

[46] 楚伟华. 石油污染物在土壤中迁移及转化研究[D]. 大庆：大庆石油学院，2006.

[47] 薛强，梁冰，冯夏庭，等. 石油污染物在地下环境系统中运移的多相流数值模型[J]. 化工学报，2005，56(5)：920-924.

[48] 刘伟，范爱武，黄晓明. 多孔介质传热传质理论与应用[M]. 北京：科学出版社，2006.

[49] 张海玲. 埋地管道泄漏的温度场数值模拟研究[D]. 大庆：大庆石油学院，2008.

[50] 何雅玲. 格子 Boltzmann 方法的理论及应用[M]. 北京：科学出版社，2009.

[51] SLEEP B E, SYKES J F. Compositional simulation of groundwater contamination by organic compounds：1. Model development and verification[J]. Water Re-

sources Research，1993，29(6)：1697-1708.

[52] PANDAY S，WU Y S，HUYAKORN P S，et al. A three-dimensional multiphase flow model for assessing NAPL contamination in porous and fractured media，2. Porous medium simulation examples[J]. Journal of Contaminant Hydrology，1994，16(2)：131-156.

[53] CORAPCIOGLU M Y，BAEHR A L. A compositional multiphase model for groundwater contamination by petroleum products：1. Theoretical considerations [J]. Water Resources Research，1987，23(1)：191-200.

[54] PENNELL K D，ABRIOLA L M，WEBER W J. Surfactant-enhanced solubilization of residual dodecane in soil columns. 1. Experimental investigation[J]. Environmental Science & Technology，2002，27(12)：2332-2340.

[55] 李南生，吴青柏. 冻土活动层相变温度场 Chebyshev 拟谱分析[J]. 计算力学学报，2009，26(5)：703-709.

[56] 王东海，李广贺，贾道昌. 石油类污染物在砂砾石层中的迁移与分布[J]. 环境科学，1998，19(5)：19-22.

[57] 李晓华，许嘉琳，王华东，等. 污染土壤环境中石油组分迁移特征研究[J]. 中国环境科学，1998，18(S1)：55-59.

[58] 束善治. 有机污染物包气带迁移的离心模型研究[J]. 岩土工程学报，2000，22(5)：594-598.

[59] FAUST C R. Transport of immiscible fluids within and below the unsaturated zone：A numerical media [J]. Water Resources Research，1985，21(4)：587-596.

[60] FELEKE A，EARL H. Coupled consolidation and contaminant transport model for simulating migration of contaminant through the sediment and a cap[J]. Applied Mathematical Modelling，2008，32(11)：2413-2428.

[61] JAISWALD K，KUMAR A. Analytical solutions for temporally and spatially dependent solute dispersion of pulse type input concentration in one-dimension semi-infinite media[J]. Journal of Hydro-environmental Research，2009(2)：254-263.

[62] LEE J，FOX P J，LENHART J J，et al. Closure to"investigation of consolidation-induced solute transport. i：effect of consolidation on transport parameters"[J]. Journal of Geotechnical & Geoenvironmental Engineering，2010，136(9)：1307-1308.

[63] YADAV S K，KUMAR A，JAISWAL D K. One-dimensional unsteady solute transport along unsteady flow through inhomogeneous medium [J]. Journal of Earth System Science，2011，120(2)：205-213.

[64] 叶常明，雷志芳，土宏，等. 有机污染物在多介质环境的稳态非平衡模型[J]. 环境

科学学报，1995，15(21):92-198.

[65] 邓英尔，刘慈群. 低渗油藏非线性渗流规律数学模型及其应用[J]. 石油学报，2001，21(4):72-77.

[66] 王洪涛，罗剑. 石油污染物在土壤中运移的数值模拟初探[J]. 环境科学学报，2000，20(6):755-760.

[67] 王洪涛，周抚生. 数值模拟在评价含油污水对地下水污染中的应用[J]. 北京大学学报，2000，36(6):865-872.

[68] 邢巍巍，胡黎明. 轻非水相流体污染物运移的离心模型[J]. 清华大学学报，2006，46(3):341-345.

[69] 吴照群. 非水相流体在土体中运移的数值模拟[D]. 北京:清华大学，2008.

[70] WU G Z, ZHENG Z, LI H D. Influence of soil frozen impact on heat transfer during process of buried pipeline leakage[C]. Wuhan: The 10th National Conference on Fluid Mechanics in Porous Media，2009.

[71] WU G Z, SONG F F, et al. Infrared temperature measurement and simulation of temperature field on buried pipeline leakage[C]. Reston: American Society of Civil Engineers，2009.

[72] QI H B, XING C, WU G Z, et al. Numerical simulation of ground surface temperature field of buried oil pipeline with multi-spot leakage[C]. Reston: American Society of Civil Engineers，2011.

[73] QI H B, LIU Y, WU G Z, et al. Numericalsimulation of multiphase flow pollutants during migration process in buried oil pipeline leakage[J]. Applied Mechanics and Materials，2014，359-362，675-677.

[74] 窦智，周志芳，李兆峰. 多孔介质油水两相 k～s～p 关系数学模型的实验研究[J]. 水科学进展，2012，23(2):206-213.

[75] LENHARD R J, PARKER J C. A model for hysteretic constitutive relations governing multiphase flow: 2. Permeability—saturation relations[J]. Water Resources Research，1987，23(12):2197-2206.

[76] LENHARD R J, PARKER J C. Measurement and prediction of saturation-pressure relationships in three-phase porous mediasystems[J]. Journal of Contaminant Hydrology，1987，1(4):407-424.

[77] LENHARD R, OOSTROM M, DANE J. A constitutive model for air-NAPL-water flow in the vadosezone accounting for immobile, non-occluded (residual) NAPL in strongly water-wet porous media[J]. Journal of Contaminant Hydrology，2004，71(1/4):283-304.

[78] LENHARD R J, MEAKIN P. Water behavior in layered porous media with dis-

crete flow channels：results of a large-scale experiment[J]. Vadose Zone Journal，2007，6(3):458-470.

[79] 王洪涛，罗剑，李雨松，等. 石油污染物在土壤中运移的数值模拟初探[J]. 环境科学学报，2000，20(6):755-760.

[80] 王洪涛，周抚生. 数值模拟在评价含油污水对地下水污染中的应用[J]. 北京大学学报：自然科学版，2000，36(6):865-871.

[81] 吴国忠，邢畅，王玉石，等. 地下管道泄漏过程地表温度场红外检测实验[C]. 重庆：重庆大学出版社，2011.

[82] FAUST C R, GUSWA J H, MERCER J W. Simulation of three-dimensional flow of immiscible fluids within and below the unsaturated zone[J]. Water Resources Research, 1989, 25(12):2449-2464.

[83] AREGA F, HAYTER E. Coupled consolidation and contaminant transport model for simulating migration of contaminants through the sediment and acap[J]. Applied Mathematical Modelling, 2008, 32(11):2413-2428.

[84] JAISWAL D K, KUMAR A, KUMAR N, et al. Analytical solutions for temporally and spatially dependent solute dispersion of pulse type input concentration in one-dimensional semi-infinite media[J]. Journal of Hydro-environment Research, 2009, 2(4):254-263.

[85] HASANPOUR A, SEDIGHI K, FARHADI M. Effect of porous screen on flow stabilization and heat transfer in a channel using variable porosity model by the lattice Boltzmann method[J]. Turkish Journal of Engineering & Environmental Sciences, 2012, 36(1):45-58.

[86] 邓敏艺，刘慕仁，李珏，等. 一维有源扩散方程的格子 Boltzmann 方法[J]. 广西师范大学学报：自然科学版，2000，18(1):9-12.

[87] 陈若航，刘慕仁. 用多尺度技术建一维对流扩散方程的格点模型[J]. 广西师范大学学报：自然科学版，1997，15(2):1-4.

[88] 邓敏艺，刘慕仁，孔令江. 一维反应扩散问题的格子 Boltzmann 方法模拟[J]. 广西师范大学学报：自然科学版，2000，18(4):1-6.

[89] ROTHMAN D H. Cellular-automaton fluids：a model for flow in porousmedia[J]. Geophysics, 1988, 53(4):509-518.

[90] SUCCI S, FOTI E, HIGUERA F. Three-dimensional flows in complex geometries with the lattice Boltzmann method[J]. Europhysics Letters, 1989, 10(5):433-438.

[91] JEENU K, JYSOO L, KOO-CHUL L. Nonlinear correction to Darcy's law for a flow through periodic arrays of ellipticcylinders[J]. Physica A, 2001, 293(1/2):

13-20.

[92] HEIJS A W J, LOWE C P. Numerical evaluation of the permeability and theKoze-ny constant for two types of porous media[J]. Physical Review E Statal Physics Plasmas Fluids & Related Interdiplinary Topics, 1995, 51(5):4346-4352.

[93] ADROVER A, GIONA M. Predictive model for permeability of correlated po-rousmedia[J]. Chemical Engineering Journal, 1996, 64(1):7-19.

[94] 钱吉裕, 李强, 余凯, 等. 确定复杂多孔材料有效导热系数的新方法[J]. 中国科学:技术科学, 2004, 34(11):1247-1255.

[95] 钱吉裕, 李强, 宣益民. Lattice-Boltzmann 方法计算多孔介质内固液相变问题[J]. 自然科学进展, 2006, 16(4):504-507.

[96] 赵凯, 李强, 宣益民. 基于格子 Boltzmann 方法的三维多孔介质中多相导热过程的研究[J]. 中国科学 E 辑:技术科学, 2009, 39(10):1743-1750.

[97] LIU Y W, ZHOU F X, YAN G W. Lattice Boltzmann simulations of the Klinken-berg effect in porous media[J]. Chinese Journal of Computational Physics, 2003, (3):157-160.

[98] TANG G H, TAO W Q, HE Y L. Gas slippage effect on microscale porous flow using the lattice Boltzmann method[J]. Physical Review E, 2005, 72(5):056301.

[99] 严微微, 刘阳, 许友生. 用格子 Boltzmann 方法研究多孔介质内的自然对流换热问题[J]. 西安石油大学学报, 2007, 22(2):149-153.

[100] 戴传山, 刘学章. 格子 Boltzmann 方法用于多孔介质与自由流体开口腔体内自然对流的数值模拟研究[C]. 青岛:中国地球物理学会, 2011.

[101] KOPONEN A, KANDHAI D, HELLEN E, et al. Permeability of three-dimen-sional random fiber webs[J]. Physical Review Letters, 1998, 80:716-719.

[102] 钱吉裕, 李强, 宣益民, 等. 确定多孔介质流动参数的格子 Boltzmann 方法[J]. 工程热物理学报, 2004, 25(4):655-657.

[103] 柴振华, 郭照立, 施保昌. 利用多松弛格子 Boltzmann 方法预测多孔介质的渗透率[J]. 工程热物理学报, 2010, 31(1):107-109.

[104] PAN C, HILPERT M, MILLER C T. Pore-scale modeling of saturated permea-bility in random spherepackings[J]. Physical Review E Statal Nonlinear & Soft Matter Physics, 2001, 64(6):066702.

[105] SINGH M, MOHANTY K K. Permeability of spatially correlated porousmedia [J]. Chemical Engineering Science, 2000, 55(22):5393-5403.

[106] 王华龙, 柴振华, 郭照立. 致密多孔介质中气体渗流的格子 Boltzmann 模拟[J]. 计算物理, 2009, 26(3):389-395.

[107] 张磊, 姚军, 孙海, 等. 利用格子 Boltzmann 方法计算页岩渗透率[J]. 中国石油

大学学报：自然科学版，2014，38(1)：87-91.

[108] 王金波，黄耀辉，鞠杨，等. 基于三维重构模型的孔隙岩石气体渗流的 LBM 模拟 [J]. 煤炭工程，2014，46(5)：77-80.

[109] DARDIS O, MCCLOSKEY J. Lattice Boltzmann scheme with real numbered solid density for the simulation of flow in porousmedia[J]. Physical Review E, 1998, 57(4):4834-4837.

[110] SPAID M A A, PHELAN F R J. Lattice Boltzmann methods for modeling microscale flow in fibrous porous media[J]. Physics of Fluids, 1997, 9(9): 2468-2474.

[111] SPAID M A A, PHELAN F R J. Modeling void formation dynamics in fibrous porous media with the lattice Boltzmann method[J]. Composites Part A (Applied Science and Manufacturing), 1998, 29A(7): 749-755.

[112] GUO Z L, ZHAO T S. Lattice Boltzmann model for incompressible flows through porous media[J]. Physical Review E, 2002, 66(3): 036304.

[113] MANZ B, GLADDEN L F, WARREN P B. Flow and dispersion in porous media: Lattice Boltzmann and NMRstudies[J]. Aiche Journal, 1999(45):1845-1854.

[114] 何莹松. 基于格子 Boltzmann 方法的多孔介质流体渗流模拟[J]. 科技通报，2013，29(4)：118-120.

[115] HUANG H, HUANG J J, LU X Y. Study of immiscible displacements in porous media using a color-gradient-based multiphase lattice Boltzmann method[J]. Computers & Fluids, 2014, 93(8):164-172.

[116] 黄海波. 格子玻尔兹曼方法模拟多孔介质中油水两相驱替[C]. 浙江：第六届全国流体力学青年研讨会，2009.

[117] ZHAO H, NABOVATI A, AMON C H. Analysis of fluid flow in porous media using the lattice boltzmannmethod: inertial flow regime[C]. Rio Grande: American Society of Mechanical Engineers, 2012.

[118] NESTLER B, AKSI A, SELZER M. Combined Lattice Boltzmann and phase-field simulations for incompressible fluid flow in porousmedia[J]. Mathematics & Computers in Simulation, 2010, 80(7):1458-1468.

[119] GHASSEMI A, PAK A. Numerical study of factors influencing relative permeabilities of two immiscible fluids flowing through porous media using lattice Boltzmann method[J]. Journal of Petroleum Science & Engineering, 2011, 77(1): 135-145.

[120] TAGHILOU M, RAHIMIAN M H. Investigation of two-phase flow in porous

media using lattice Boltzmannmethod[J]. Computers & Mathematics with Applications, 2014, 67(2):424-436.

[121] SEATON M A, HALLIDAY I, MASTERS A J. Application of the multicomponent latticeBoltzmann simulation method to oil/water dispersions[J]. Journal of Physics A Mathematical & Theoretical, 2011, 44(10):404-406.

[122] MASLO A, PANJAN J, AGAR D. Large-scale oil spill simulation using the lattice Boltzmann method, validation on the Lebanon oil spill case[J]. Marine Pollution Bulletin, 2014, 84(1/2):225-235.

[123] GUNSTENSEN A K, ROTHMAN D H, ZALESKI S, et al. Lattice Boltzmann model of immiscible fluids[J]. Physical Review A, 1991, 43(43):4320-4327.

[124] SHAN X, CHEN H. Lattice Boltzmann model for simulating flows with multiple phases andcomponents[J]. Physical Review E Statistical Physics Plasmas Fluids & Related Interdisciplinary Topics, 1993, 47(3):1815-1819.

[125] SHAN X, DOOLEN G. Multicomponent lattice-Boltzmann model with interparticleinteraction[J]. Journal of Statistical Physics, 1995, 81(1/2):379-393.

[126] SWIFT M R, OSBORN W R, YEOMANS J M. Lattice Boltzmann simulation ofnonidealfluids[J]. Physical Review Letters, 1995, 75(5): 830-833.

[127] 朱益华, 陶果, 方伟. 基于格子 Boltzmann 方法的储层岩石油水两相分离数值模拟[J]. 中国石油大学学报:自然科学版, 2010, 34(3):48-52.

[128] 李娟, 宋永臣, 李维仲. 基于格子 Boltzmann 方法的通道内液滴驱替研究[J]. 热科学与技术, 2009, 8(4):284-289.

[129] 钟敏. 基于格子 Boltzmann 方法的两液滴相溶模拟[J]. Science Technology & engineering, 2012, 12(16):3801-3803.

[130] 安红妍, 张楚华, 王宁宁. 基于格子 Boltzmann 方法的液液不混溶两相流动数值模拟[J]. 工程热物理学报, 2014, 35(1):78-81.

第 2 章　泄漏污染物迁移介观理论基础

本章将阐述埋地输油管道泄漏污染物介观迁移的理论基础,分别介绍污染物迁移中的 Boltzmann 方程和 Maxwell 分布、格子 Boltzmann 方法中的基本模型、研究泄漏污染物时需要的边界条件处理格式、泄漏污染物迁移的数值模拟流程,以及实际应用中的格子单位和物理单位之间的转换。

2.1　格子 Boltzmann 方程

埋地输油管道泄漏污染物在多孔介质中流动,其孔隙下污染物迁移粒子也遵循力学规律,因此可以通过计算每一个污染物迁移粒子在不同状态下的孔隙内运动规律计算其概率,并通过统计方法得出埋地输油管道泄漏污染物迁移的宏观参数,这是 Boltzmann 方程分析埋地输油管道泄漏污染物在多孔介质中流动过程的基本思想。在埋地输油管道泄漏污染物迁移分析中,其 Boltzmann 方程采用统计力学中用以描述非平衡态分布函数演化规律的方程。

推导 Boltzmann 方程中,结合泄漏污染物迁移,首先确定如下三个假设。

(1)污染物迁移粒子相互碰撞时只考虑二体碰撞,即认为三个或者三个以上污染物迁移粒子的碰撞概率非常小。

(2)污染物迁移粒子混沌假设,即认为污染物迁移粒子速率散布与另外的粒子互不影响,污染物迁移粒子在碰撞之前速度不相关。

(3)外力不影响局部碰撞的动力学行为。

假设(1)只能用于密度较小的污染物流体。当污染物流体密度较大时,分子运动比较密集,需要考虑三个或者三个以上污染物迁移粒子的碰撞情况。假设(2)条件是需要碰撞时间比较短。

在 Boltzmann 方程的推导中假设泄漏污染物为单组分污染物,后期可通过多组分的物质多个分布函数引入研究多组分问题。在研究单组分污染物迁移粒子的情况下,假设速度分布函数为 f,f 是关于空间矢量位置、粒子速度矢量及时间的函数,其中空间位置用 $r(x,y,z)$ 表示,粒子速度矢量用 $\xi(\xi_x,\xi_y,\xi_z)$ 表示。$f(r,\xi,t)\mathrm{d}\xi\mathrm{d}r$ 表示 t 时间,r 与 $r+\mathrm{d}r$ 间构成的体积元 $\mathrm{d}r=\mathrm{d}x\mathrm{d}y\mathrm{d}z$ 中,速度在 ξ 与 $\xi+\mathrm{d}\xi$ 之间的粒子数。假设 m 为单个粒子的质量,如果在分子运动中不发生碰撞,那么会不增加也不减少地转移到下一个位置。Maxwell 和 Boltzmann 一般只研究两个碰撞模型,分别是钢球模型和力心点模型。钢球模型中的碰撞都是弹性碰撞,力心点碰撞中假定了粒子都是质点,受力为有心力。本书在研究中统一采用钢球模型的碰撞,并且只研究两个粒子之间的碰撞。

在粒子发生碰撞时,所有的碰撞都能恢复原形,并且没有能量的耗散,碰撞前后满足动量守恒和能量守恒。假定两个分子碰撞前后速度是 ξ_1、ξ_2 和 ξ'_1、ξ'_2,其关系满足如下表达式:

$$m\xi_1 + m\xi_2 = m\xi'_1 + m\xi'_2 \tag{2.1}$$

$$\frac{1}{2}m\xi_1^2 + \frac{1}{2}m\xi_2^2 = \frac{1}{2}m\xi'^2_1 + \frac{1}{2}m\xi'^2_2 \tag{2.2}$$

在满足动量守恒和能量守恒的前提下,通过碰撞、迁移推理运算,计算其污染物粒子运动的迁移碰撞步骤,并进行积分求解,最后可得分布函数的控制方程,即 Boltzmann 方程

$$\frac{\partial f}{\partial t} + \xi \cdot \frac{\partial f}{\partial r} + a \cdot \frac{\partial f}{\partial \xi} = \iint (f'f'_1 - ff_1) d_D^2 |g| \cos\theta d\Omega d\xi_1 \tag{2.3}$$

式中,g 表示碰撞前粒子的相对速度;a 为外力引起的加速度;d_D^2 为碰撞粒子的粒径;$d\Omega$ 为球面微元在第一个粒子的固体角;f 和 f_1 为粒子碰撞前的分布函数,f' 和 f'_1 为粒子碰撞后的分布函数;θ 为 g 与速度矢量的夹角。

Boltzmann 方程是一个复杂的微积分方程,一般情形下无法获取到 Boltzmann 的解析解,但是在没有外力作用下单组分单原子气体可以得出 Boltzmann 的一个解,也就是单组分单原子气体的平衡态分布 ——Maxwell 分布。D 维空间的 Maxwell 分布函数为

$$f = n \frac{1}{(2\pi R_g T)^{D/2}} \exp\left[-\frac{(\xi - u)^2}{2R_g T}\right] \tag{2.4}$$

式中,n 为分子数密度;R_g 为气体常数;T 为气体热力学温度;D 为空间维度;u 为气体的宏观流动速度。

在格子 Boltzmann 方法中,Boltzmann 方程包含有迁移项和碰撞项,重、难点是碰撞项的推导应用。在此情况下 Bhatnagar、Gross、Krook 提出了一种类似的理论,简称 BGK 近似。BGK 近似是用一个简单的算子 Ω_f 取代 Boltzmann 方程中的碰撞项,这个算子要具备以下特性:

(1) 对碰撞过程中的不变量算子要满足

$$\int \varphi \Omega_f d\xi = 0 \tag{2.5}$$

(2) 由 Boltzmann 方法的 H 定理得:

$$\int (1 + \ln f) \Omega_f d\xi \leqslant 0 \tag{2.6}$$

碰撞的效应是使分布函数趋向于平衡态,假定碰撞算子改变的大小和粒子分布函数与平衡态分布函数的差值有关,设其比例系数为 υ,υ 是一个与粒子速度无关的常数,其表达式为

$$\Omega_f = \upsilon \left[f^{eq}(r, \xi) - f(r, \xi, t)\right] \tag{2.7}$$

这样,Boltzmann 方程就化为

$$\frac{\partial f}{\partial t} + \boldsymbol{\xi} \cdot \frac{\partial f}{\partial \boldsymbol{r}} + a \cdot \frac{\partial f}{\partial \boldsymbol{\xi}} = \upsilon(f^{\mathrm{eq}} - f) \tag{2.8}$$

式(2.8)称为 Boltzmann－BGK 方程。在 Boltzmann 方法中,粒子之间的碰撞和迁移是模拟运算的关键,再次引入碰撞时间 τ_0,τ_0 是粒子两次碰撞的平均时间间隔,也称为松弛时间或者弛豫时间。

$$\tau_0 = \frac{1}{\upsilon} \tag{2.9}$$

相应的 Maxwell 平衡分布函数 f^{eq} 为

$$f^{\mathrm{eq}} = \rho \, \frac{1}{(2\pi R_g T)^{D/2}} \exp\left[-\frac{(\boldsymbol{\xi} - u)^2}{2 R_g T}\right] \tag{2.10}$$

BGK 近似把粒子分布函数往平衡态的过渡看作是一个简单的松弛时间过程,应用更为简单,在转换的过程中存在小误差,但是其计算精度可以满足要求。

格子 Boltzmann 方程是 Boltzmann－BGK 方程的一种特殊的离散情况,其离散包含速度离散、空间离散和时间离散。微观粒子在空间一直做着杂乱无章的热运动,其速率是连续的。然而粒子的运动细节不表示流体的宏观热运动,可将粒子的速度简化为有限维度的速度空间 $\{e_0, e_1, \cdots, e_N\}$,$N$ 表示速度的种类数。并且连续的分布函数也可以相应地被离散为 $\{f_0, f_1, \cdots, f_N\}$,其中的 $f_\alpha = f_\alpha(\boldsymbol{r}, e_\alpha, t)$,$\alpha = 0, 1, 2 \cdots N$。 可得出离散的 Boltzmann 方程为

$$\frac{\partial f_\alpha}{\partial t} + e_\alpha \cdot \nabla f_\alpha = -\frac{1}{\tau_0}(f_\alpha - f_\alpha^{\mathrm{eq}}) + F_\alpha \tag{2.11}$$

式中,f_α^{eq} 为离散速度空间的局部平衡态分布函数;F_α 为离散速度空间的外力项。

在进行时间和空间上的局部平衡态分布函数离散化后,将式(2.11)进行积分求解,并且采用一阶精度的矩形法进行逼近,可得出

$$f_\alpha(\boldsymbol{r} + e_\alpha \delta_t, t + \delta_t) - f_\alpha(\boldsymbol{r}, t) = -\frac{1}{\tau}\left[f_\alpha(\boldsymbol{r}, t) - f_\alpha^{\mathrm{eq}}(\boldsymbol{r}, t)\right] + \delta_t F_\alpha(\boldsymbol{r}, t) \tag{2.12}$$

式(2.12)即是含有外力项的格子 Boltzmann－BGK 方程,式中 $\tau = \tau_0/\delta_t$ 为无量纲弛豫时间。此方程便于在粒子的迁移和碰撞中进行数值迭代计算,使得格子 Boltzmann 方法在数值模拟中并行性更好,处理边界条件更便捷。

2.2　格子 Boltzmann 方法的基本模型

一个完整的格子 Boltzmann 模型分为格子、平衡态分布函数和函数演化方程。在采用格子 Boltzmann 方法进行数值模拟计算时,关键是要选择合适的平衡态分布函数,建立适当的网格数目。网格的对称性及数量都与数值计算相关。

Qian 等提出了 DmQn(m 维空间,n 个离散速度)系列模型,这是格子 Boltzmann 方法的基本模型。一维模型主要有 D1Q3、D1Q5,二维模型主要有 D2Q9、D2Q7,三维模型主要有 D3Q15、D3Q19。

DmQn 系列模型采用如下形式的平衡态分布函数：

$$f_a^{\text{eq}} = \rho \omega_a \left[1 + \frac{e_a \cdot u}{c_s^2} + \frac{(e_a \cdot u)^2}{2c_s^4} - \frac{u^2}{2c_s^2} \right] \tag{2.13}$$

式中，c_s 为格子声速；ω_a 为权系数，权系数与相应的离散速度方向的长度有关。

D2Q9 模型（图 2.1）的速度配置如下：

$$e_\varepsilon = \begin{cases} (0,0) & (\alpha = 0) \\ c\left(\cos\left[(\alpha-1)\frac{\pi}{2}\right], \sin\left[(\alpha-1)\frac{\pi}{2}\right]\right) & (\alpha = 1,2,3,4) \\ \sqrt{2}c\left(\cos\left[(2\alpha-1)\frac{\pi}{4}\right], \sin\left[(2\alpha-1)\frac{\pi}{4}\right]\right) & (\alpha = 5,6,7,8) \end{cases} \tag{2.14}$$

式中，c 为格子速度，$c = \delta_x/\delta_t = \delta_y/\delta_t$。

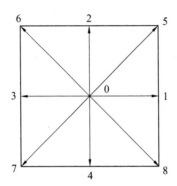

图 2.1　D2Q9 格子示意图

此速度配置又称为 D2Q9 格子，离散速度 e_a 满足如下各恒等式：

$$\sum_{a=1}^{4} e_{ai} = \sum_{a=5}^{8} e_{ai} = 0 \tag{2.15}$$

$$\sum_{a=1}^{4} e_{ai}e_{aj} = 2c^2\delta_{ij}, \quad \sum_{a=5}^{8} e_{ai}e_{aj} = 4c^2\delta_{ij} \tag{2.16}$$

$$\sum_{a=1}^{4} e_{ai}e_{aj}e_{ak} = \sum_{a=5}^{8} e_{ai}e_{aj}e_{ak} = 0 \tag{2.17}$$

$$\sum_{a=1}^{4} e_{ai}e_{aj}e_{ak}e_{al} = 2c^4\delta_{ijkl}, \quad \sum_{a=5}^{8} e_{ai}e_{aj}e_{ak}e_{al} = 4c^4(\delta_{ij}\delta_{kl} + \delta_{ik}\delta_{jl} + \delta_{il}\delta_{jk}) - 8c^4\delta_{ijkl} \tag{2.18}$$

D2Q9 模型的平衡态分布函数表达式为

$$f_a^{\text{eq}} = \begin{cases} \dfrac{4}{9}\rho\left[1 - \dfrac{3|u|^2}{2}\right] & (\alpha = 0) \\[2mm] \dfrac{1}{9}\rho\left[1 + 3(e_a \cdot u) + \dfrac{9(e_a \cdot u)^2}{2} - \dfrac{3|u|^2}{2}\right] & (\alpha = 1,2,3,4) \\[2mm] \dfrac{1}{36}\rho\left[1 + 3(e_a \cdot u) + \dfrac{9(e_a \cdot u)^2}{2} - \dfrac{3|u|^2}{2}\right] & (\alpha = 5,6,7,8) \end{cases} \tag{2.19}$$

模型的宏观密度、速度定义满足：

$$\rho = \sum_\alpha f_\alpha \tag{2.20}$$

$$u = \frac{1}{\rho} \sum_\alpha f_\alpha \boldsymbol{e}_\alpha \tag{2.21}$$

除了 D2Q9 模型之外,二维中还有其他常用的 DmQn 模型,它们的离散速度、权系数和声速(假定 $c=1$)如下。

D1Q3(图 2.2):

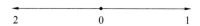

图 2.2　D1Q3 格子示意图

$$e_0, e_1, e_2 = (0, 1, -1)c \tag{2.22}$$

$$\omega_0, \omega_1, \omega_2 = 2/3, 1/6, 1/6, c_S^2 = c^2/3 \tag{2.23}$$

D1Q5(图 2.3):

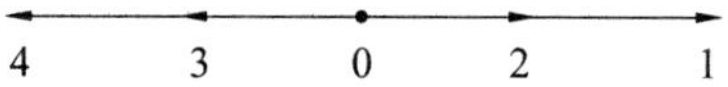

图 2.3　D1Q5 格子示意图

$$e_0, e_1, \cdots, e_4 = (0, 1, -1, 2, -2)c \tag{2.24}$$

$$\omega_0, \omega_1, \cdots, \omega_4 = 1/2, 1/6, 1/6, 1/2, 1/2, c_S^2 = c^2 \tag{2.25}$$

D2Q7(图 2.4):

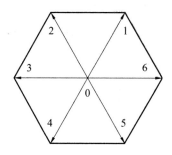

图 2.4　D2Q7 格子示意图

$$e_\alpha = \begin{cases} (0, 0) & (\alpha = 0) \\ (\cos[(\alpha-1)\pi/3], \sin[(\alpha-1)\pi/3])c & (\alpha = 1, 2, \cdots, 6) \end{cases} \tag{2.26}$$

$$\omega_\alpha = \begin{cases} 1/2 & (\alpha = 0) \\ 1/12 & (\alpha = 1, \cdots, 6) \end{cases}, \quad c_S^2 = c^2/4 \tag{2.27}$$

D3Q15(图 2.5):

$$e_\alpha = \left\{ \begin{pmatrix} 0 \\ 0 \\ 0 \end{pmatrix}, \pm\begin{pmatrix} 1 \\ 0 \\ 0 \end{pmatrix}, \pm\begin{pmatrix} 0 \\ 1 \\ 0 \end{pmatrix}, \pm\begin{pmatrix} 0 \\ 0 \\ 1 \end{pmatrix}, \pm\begin{pmatrix} 1 \\ 1 \\ 1 \end{pmatrix}, \pm\begin{pmatrix} 1 \\ 1 \\ -1 \end{pmatrix}, \pm\begin{pmatrix} 1 \\ -1 \\ 1 \end{pmatrix}, \pm\begin{pmatrix} 1 \\ -1 \\ -1 \end{pmatrix} \right\} c$$

$$\tag{2.28}$$

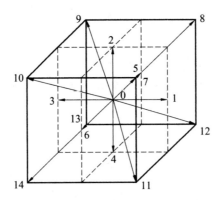

图 2.5   D3Q15 格子示意图

$$\omega_\alpha = \begin{cases} 2/9 & \alpha=0 \\ 1/9 & \alpha=1,\cdots,6 \\ 1/72 & \alpha=7,\cdots,14 \end{cases}, \quad c_S^2 = c^2/3 \qquad (2.29)$$

D3Q19（图 2.6）：

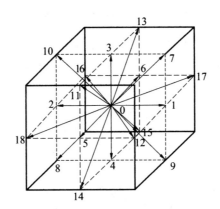

图 2.6   D3Q19 格子示意图

$$e_\alpha = \left\{ \begin{pmatrix} 0 \\ 0 \\ 0 \end{pmatrix}, \pm\begin{pmatrix} 1 \\ 0 \\ 0 \end{pmatrix}, \pm\begin{pmatrix} 0 \\ 1 \\ 0 \end{pmatrix}, \pm\begin{pmatrix} 0 \\ 0 \\ 1 \end{pmatrix}, \pm\begin{pmatrix} 1 \\ 1 \\ 0 \end{pmatrix}, \right.$$

$$\left. \pm\begin{pmatrix} 1 \\ -1 \\ 0 \end{pmatrix}, \pm\begin{pmatrix} 1 \\ 0 \\ 1 \end{pmatrix}, \pm\begin{pmatrix} 1 \\ 0 \\ -1 \end{pmatrix}, \pm\begin{pmatrix} 0 \\ 1 \\ 1 \end{pmatrix}, \pm\begin{pmatrix} 0 \\ 1 \\ -1 \end{pmatrix} \right\} c \qquad (2.30)$$

$$\omega_\alpha = \begin{cases} 1/3 & (\alpha=0) \\ 1/18 & (\alpha=1,\cdots,6) \\ 1/36 & (\alpha=7,\cdots,18) \end{cases}, \quad c_S^2 = c^2/3 \qquad (2.31)$$

2.3 基于 Chapman－Enskog 展开的宏观控制方程回归

Chapman－Enskog 展开是由 Chapman 和 Enskog 于 1910—1920 年间提出来的一种多尺度技术。通过这种方法可以获得格子 Boltzmann 模型所对应的宏观控制方程，以及相应的输运系数。

首先，引入两个时间尺度 $t_1 = \varepsilon t$，$t_2 = \varepsilon^2 t$，ε 为任意小的正数。二者为发生在对流与扩散上的时间尺度；引入空间尺度 $r_1 = \varepsilon r$，从而可以得到对时间导数、空间导数和分布函数的多尺度展开形式：

$$\frac{\partial}{\partial r} = \varepsilon \frac{\partial}{\partial r_1} \tag{2.32}$$

$$\frac{\partial}{\partial t} = \varepsilon \frac{\partial}{\partial t_1} + \varepsilon^2 \frac{\partial}{\partial t_2} \tag{2.33}$$

$$f_a = f_a^{eq} + \varepsilon f_a^1 + \varepsilon^2 f_a^2 + \cdots \tag{2.34}$$

将不考虑外力项的格子 Boltzmann 方程

$$f_a(r + e_a \delta_t, t + \delta_t) - f_a(r, t) = -\frac{1}{\tau}\left[f_a(r, t) - f_a^{eq}(r, t)\right] \tag{2.35}$$

左端对时间和空间进行 Taylor 展开，可得

$$\delta_t\left(\frac{\partial}{\partial t} + e_a \cdot \nabla\right)f_a + \frac{\delta_t^2}{2}\left(\frac{\partial}{\partial t} + e_a \cdot \nabla\right)^2 f_a + \frac{1}{\tau}(f_a - f_a^{eq}) + O(\delta_t^3) = 0 \tag{2.36}$$

将式（2.32）～（2.34）代入式（2.36），对比各阶系数可得

$$\varepsilon^1 : \left(\frac{\partial}{\partial t_1} + e_a \cdot \nabla_1\right)f_a^{eq} + \frac{1}{\tau \delta_t}f_a^{(1)} = 0 \tag{2.37}$$

$$\varepsilon^2 : \frac{\partial f_a^{eq}}{\partial t_2} + \left(\frac{\partial}{\partial t_1} + e_a \cdot \nabla_1\right)f_a^{(1)} + \frac{\delta_t}{2}\left(\frac{\partial}{\partial t_1} + e_a \cdot \nabla_1\right)^2 f_a^{eq} + \frac{1}{\tau \delta_t}f_a^{(2)} = 0 \tag{2.38}$$

通过式（2.37）将式（2.38）简化为

$$\varepsilon^2 : \frac{\partial f_a^{eq}}{\partial t_2} + \left(\frac{\partial}{\partial t_1} + e_a \cdot \nabla_1\right)\left(1 - \frac{1}{2\tau}\right)f_a^{(1)} + \frac{1}{\tau \delta_t}f_a^{(2)} = 0 \tag{2.39}$$

联立式（2.26）、式（2.27）、式（2.30）、式（2.31），可得

$$\sum_a f_a^{(n)} = 0, \sum_a f_a^{(n)} e_a = 0, \quad n = 1, 2, \cdots \tag{2.40}$$

对式（2.37）和式（2.38）求速度的零阶矩，可得

$$\varepsilon^1 : \frac{\partial}{\partial t_1}\rho + \nabla_1 \cdot (\rho u) = 0 \tag{2.41}$$

$$\varepsilon^2 : \frac{\partial}{\partial t_2}\rho = 0 \tag{2.42}$$

从而

$$\frac{\partial \rho}{\partial t} = \varepsilon \frac{\partial \rho}{\partial t_1} + \varepsilon^2 \frac{\partial \rho}{\partial t_2} = -\varepsilon \nabla_1 \cdot (\rho u) = -\nabla_1 \cdot (\rho u) \tag{2.43}$$

式（2.43）为流体力学的连续方程。

对式（2.37）和式（2.38）求速度的一阶矩，可得

$$\varepsilon^1: \frac{\partial}{\partial t_1} \sum_a f_a^{eq} e_a + \nabla_1 \cdot \sum_a (\nabla_1 \cdot e_a) f_a^{eq} e_a + \frac{1}{\tau \delta_t} \sum_a f_a^1 e_a = 0 \qquad (2.44)$$

$$\varepsilon^2: \frac{\partial}{\partial t_2} \sum_a f_a^{eq} e_a + (1 - \frac{1}{2\tau})(\sum_a \frac{\partial}{\partial t_1} f_a^{(1)} e_a + \sum_a \frac{\partial}{\partial t_1} (e_a \cdot \nabla_1) f_a^{(1)} e_a) + \frac{1}{\tau \delta_t} \sum_a f_a^{(2)} e_a = 0$$

$$(2.45)$$

简化得到

$$\frac{\partial}{\partial t_1} \rho u + \nabla_1 \cdot \sum_a e_a e_a f_a^{eq} = 0 \qquad (2.46)$$

$$\frac{\partial}{\partial t_2} (\rho u) + (1 - \frac{1}{2\tau}) \nabla_1 \cdot (\sum_a e_a e_a f_a^{(1)}) = 0 \qquad (2.47)$$

利用公式（2.28），经过一系列推导，有

$$\sum_a e_a e_a f_a^{(1)} = -\tau \delta_t \left[\rho c_s^2 (\frac{\partial u_j}{\partial x_i} + \frac{\partial u_i}{\partial x_j}) - \frac{\partial}{\partial x_k} (\rho u_i u_j u_k) \right] \qquad (2.48)$$

于是可以得到动量方程：

$$\frac{\partial (\rho u)}{\partial t} + \nabla \cdot (\rho u u) = -\nabla p + \nabla \cdot \left[\rho v (\nabla u + (\nabla u)^T) - \frac{v}{c_s^2} \nabla \cdot (\rho u u u) \right] \quad (2.49)$$

运动黏度系数

$$v = \frac{2\tau - 1}{6} c^2 \delta_t \qquad (2.50)$$

综上所述，经过 Chapmann—Enskog 展开，获得了 D2Q9 模型对应的流体宏观连续方程与动量方程。与标准的 Navier—Stokes 方程组相比，动量方程仍存在一些偏差，一是存在着与 $\nabla \cdot (\rho u u u)$ 相关的偏差相，二是体积黏度非零。但是，如果流体的密度为常数，且对于低马赫数流动来说，偏差相可以忽略，此时宏观方程化为标准的不可压 Navier—Stokes 方程。

2.4　格子 Boltzmann 方法中边界处理格式

在应用格子 Boltzmann 方法模拟泄漏污染物迁移时，首先要从实际物理模型中抽象并创建格子模型，其次要对格子模型进行初始化和边界条件的设置，再将其应用到相应的模拟中。合理的边界处理有助于数值模拟得到正确的计算结果，并且对计算的收敛性和稳定性都存在一定的影响。格子 Boltzmann 方法中的边界处理格式主要有周期性边界处理格式、反弹边界处理格式、充分发展边界处理格式、非平衡态外推格式等。

2.4.1　周期性边界处理格式

周期性边界处理格式是指流体粒子从物理格子区域的一侧流出，在下一时间，从区域

对称的另一侧流入流场。这种边界处理格式适用于流场足够大或呈现周期性改变的情况,它能严格满足系统的质量守恒和动量守恒,在研究输油管道泄漏污染物迁移时,研究区域入口经常采用周期性边界处理格式。

如图 2.7 所示,左右边界实施周期性边界条件。在 t 时刻进行碰撞迁移后,左边界格点的分布函数 f_1,f_5,f_8 和右边界格点的分布函数 f_3,f_6,f_7 是未知的,其求解关系满足

$$f_{1,5,8}(0,j) = f_{1,5,8}(N_x,j) \tag{2.51}$$

$$f_{3,6,7}(N_x,j) = f_{3,6,7}(0,j) \tag{2.52}$$

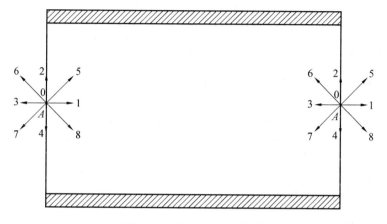

图 2.7　周期性边界示意图

一般情况下,边界角点上的未知分布函数多于非角点的边界格点,需要进行特殊处理,具体的方法见参考文献[10]。

2.4.2　反弹边界处理格式

在研究输油管道泄漏污染物迁移流场时,经常会遇到壁面或者土壤中固体颗粒等静止的固体,在此情况下采用反弹格式来处理,污染物迁移粒子在碰到固体颗粒或者壁面时做弹回处理,也就是标准反弹格式。

如图 2.8 所示,流体格点 $(i-1,2)$ 在 t 时刻迁移到边界格点 $(i,1)$。分布函数 f_8 按照原路弹回,由此可以得到 $(i,1)$ 格点的分布函数 f_6。类似地,可以得到 $(i,1)$ 格点其他的未知分布函数,即

$$f_{2,5,6}(i,1) = f_{4,7,8}(i,1) \tag{2.53}$$

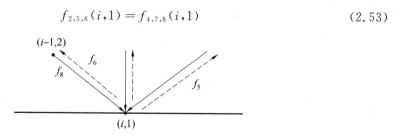

图 2.8　标准反弹边界示意图

标准反弹格式实施简单,能够保证质量和动量守恒,但是只有一阶精度。在低马赫数($Ma = u/c_S$,其中 u 为宏观流速,c_S 为声速)下,格子 Boltzmann 方法在内节点上具有二阶精度。为了改进这一问题,可以采用修正反弹格式或者半步长反弹格式,它们都具有二阶精度。

2.4.3　充分发展边界处理格式

在研究输油管道泄漏污染物迁移时,污染物粒子在通道内已经充分发展,各宏观物理量不发生变化时,在出口的边界条件设置为充分发展格式,其有良好的数值稳定性,可做如下处理。

以二维平板 Poiseuille 流为例,若采用 D2Q9 模型,出口边界上未知的三个分布函数可以近似认为和内层流体相对应方向上的分布函数相等,表达式为

$$f_{3,6,7}(N_x, j) = f_{3,6,7}(N_x - 1, j) \tag{2.54}$$

同理,速度更新也根据这种充分发展思路,即

$$u(N_x, j) = u(N_x - 1, j) \tag{2.55}$$

随后,假设边界上未知的函数满足模拟中的平衡态分布函数,即

$$f_{3,6,7}(N_x, j) = F^{eq}_{3,6,7}(\rho(N_x, j), u(N_x, j)) \tag{2.56}$$

2.4.4　非平衡态外推格式

非平衡态外推格式的基本思想是将边界节点的分布函数分为平衡态和非平衡态两部分。通过边界条件新的定义分布函数可以获得平衡态部分,非平衡态外推获取非平衡态部分。

如图 2.9 所示,COA 代表固体边界,EBD 代表相邻于固体边界的流体格点。在数值模拟中,在碰撞和迁移计算前要求得 O 点的分布函数 $f_\alpha(O, t)$,非平衡态外推则将分布函数分为两部分,即

$$f_\alpha(O, t) = f^{eq}_\alpha(O, t) + f^{neq}_\alpha(O, t) \tag{2.57}$$

式(2.57)中,平衡态部分 $f^{eq}_\alpha(O, t)$ 可以用边界上的宏观物理量求得,如果边界存在位置

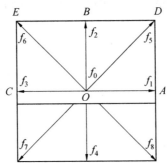

图 2.9　非平衡态外推边界示意图

宏观物理量,可以用相邻节点 B 的相应值替代。对于非平衡态部分 $f_\alpha^{\mathrm{neq}}(O,t)$,由于 B 点的分布函数 $f_\alpha(B,t)$,宏观速度 $u(B,t)$ 和密度 $\rho(B,t)$ 都是已知的,从而可以求出 B 点的平衡态分布函数 $f_\alpha^{\mathrm{eq}}(B,t)$,从而得到 B 点的非平衡态分布函数

$$f_\alpha^{\mathrm{neq}}(B,t) = f_\alpha(B,t) - f_\alpha^{\mathrm{eq}}(B,t) \tag{2.58}$$

同时,考虑到 B、O 两点的非平衡态分布函数具有如下关系:

$$f_\alpha^{\mathrm{neq}}(B,t) = f_\alpha^{\mathrm{neq}}(O,t) + O(\delta_x^2) \tag{2.59}$$

用 B 点的非平衡态部分取代 O 点的非平衡态部分,即

$$f_\alpha(O,t) = f_\alpha^{\mathrm{eq}}(O,t) + \left[f_\alpha(B,t) - f_\alpha^{\mathrm{eq}}(B,t) \right] \tag{2.60}$$

考虑碰撞过程,O 点碰撞后的分布函数为

$$f_\alpha^+(O,t) = f_\alpha^{\mathrm{eq}}(O,t) + \left(1 + \frac{1}{\tau}\right)\left[f_\alpha(B,t) - f_\alpha^{\mathrm{eq}}(B,t) \right] \tag{2.61}$$

式中,$f_\alpha^+(O,t)$ 为碰撞后的分布函数;τ 为松弛时间。

非平衡态外推格式在时间和空间都具有二阶精度,在边界条件的操作中简单易行,模拟过程稳定性好。相对于其他的边界条件,在使用双分布函数时,非平衡态外推格式具有更加明显的优势。

2.4.5 压力边界条件

1997 年,Zou 和 He 基于非平衡态反弹概念提出了 D2Q9 模型的动力学压力边界条件。如图 2.10 所示,点 A 代表通道入口的一个格点,在时刻 t 执行碰撞迁移后,三个分布函数 f_1,f_5,f_8 不能通过迁移得到。对于压力边界,压力是已知条件,$p = c_s^2 \rho$。Zou 等假设入口速度的垂直分量 $u_y = 0$,水平分量 u_x 未知。

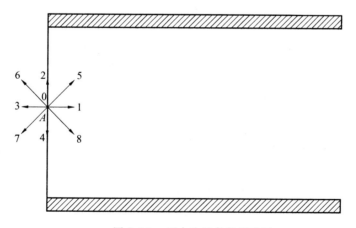

图 2.10 压力边界条件示意图

根据式(2.20)～(2.21)可以得到

$$f_1 + f_5 + f_8 = \rho_{\mathrm{in}} - (f_0 + f_2 + f_3 + f_4 + f_6 + f_7) \tag{2.62}$$

$$f_1 + f_5 + f_8 - \rho_{\mathrm{in}} u_x = f_3 + f_6 + f_7 \tag{2.63}$$

$$f_5 - f_8 = -f_2 + f_4 + f_6 + f_7 \tag{2.64}$$

联立式(2.63)和式(2.64),可以得到流体进口水平方向的速度

$$u_x = 1 - \frac{[f_0 + f_2 + f_4 + 2(f_3 + f_6 + f_7)]}{\rho_{in}} \tag{2.65}$$

在上面方程中,有四个未知数,求解方程需要添加额外的条件。Zou 和 He 假设如下的非平衡态反弹成立

$$f_1 - f_1^{eq} = f_3 - f_3^{eq} \tag{2.66}$$

联立上述方程组,可以求得 f_1, f_5, f_8:

$$f_1 = f_3 + \frac{2}{3}\rho_{in}u_x \tag{2.67}$$

$$f_5 = f_7 - \frac{1}{2}(f_2 - f_4) + \frac{1}{6}\rho_{in}u_x \tag{2.68}$$

$$f_8 = f_6 + \frac{1}{2}(f_2 - f_4) + \frac{1}{6}\rho_{in}u_x \tag{2.69}$$

同理,对于出口边界,可以求出未知的分布函数 f_3, f_6, f_7。入口边界的角点需要特殊处理。以入口边界的下角点为例,在迁移后,可以得到分布函数 f_3, f_4, f_7。密度 ρ,水平速度与数值速度 $u_x = u_y = 0$ 是已知的,f_1, f_2, f_5, f_6, f_8 是未知的。Zou 和 He 假设非平衡态反弹成立,得到

$$f_1 = f_3 + (f_1^{eq} - f_3^{eq}) = f_3 \tag{2.70}$$

$$f_2 = f_4 + (f_2^{eq} - f_4^{eq}) = f_4 \tag{2.71}$$

利用式(2.63)和式(2.64)可以得到

$$f_5 = f_7, f_6 = f_8 = \frac{1}{2}[\rho_{in} - (f_0 + f_1 + f_2 + f_3 + f_4 + f_5 + f_6 + f_7)] \tag{2.72}$$

利用同样的方法,可以得到其他三个角点的未知分布函数。

2.5　LBM 中模拟求解流程

采用格子 Boltzmann 方法研究输油管道泄漏污染物迁移,需要经过如下步骤,总体分为辅助步骤和模拟步骤。

(1)依据实际研究的管道泄漏污染物迁移计算区域,抽象其物理模型进行建模,确定模拟研究区域,选择适当的 LBM 模型,设置污染物迁移流场初始条件和边界条件格式。

(2)对确定的污染物迁移流场模拟区域实施网格划分。

(3)针对构建的泄漏污染物迁移模型选择适当的控制方程进行离散,并获取相应的 LBGK(Lattice BGK)方程。

(4)对确定好的泄漏污染物迁移模拟区域实施初始化,确定其各节点上的宏观参量和分布函数。

(5)解析离散方程,运算污染物迁移粒子的碰撞和迁移。

(6)对泄漏污染物迁移物理模型实施 LBM 的边界条件处理。

(7)根据 LBM 的宏观量计算法则,计算每个节点上污染物迁移粒子的宏观量。

(8)判断收敛性,如果程序计算收敛,输出计算结果;若不收敛,则返回(5)继续运算至收敛停止。

以上步骤中(1)～(3)为辅助步骤,对程序进行初始化并为模拟做好准备;步骤(4)～(8)为程序的数值模拟步骤,为计算泄漏污染物迁移的主要核心部分,如图 2.11 所示。每一步的运算同泄漏污染物迁移问题研究的正确与否都有很大关联。

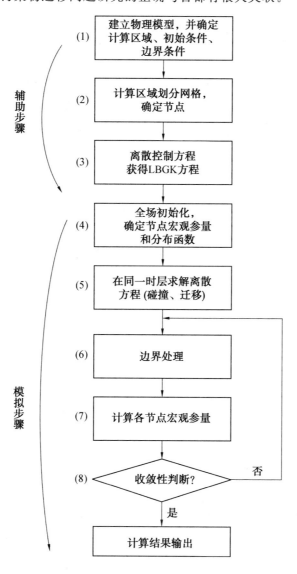

图 2.11　LBM 模拟流程图

2.6 物理单位和格子单位转换

研究输油管道泄漏污染物迁移时，需要使用格子 Boltzmann 方法中的格子单位与物理单位的转换。本节从两个角度介绍两种单位间的转换。

2.6.1 基于相似理论的转换

依据流体力学中的相似理论，计算流场和实际流场应当满足相似准则。计算值与实际流场中的特征数应当对应相等。例如，Euler 数（Eu，表征压力和惯性力的比值）、Reynolds 数（Re，表征惯性力与黏性力的比值）、Capillary 数（Ca，表征惯性力与表面张力的比值）、Strouhal 数（St，表征时变惯性力与位变惯性力的比值）、Fround 数（Fr，表征惯性力与重力的比值）和 Bond 数（Bo，表征重力与表面张力的比值）等。即

$$\lambda_{Eu} = \frac{\lambda_p}{\lambda_\rho \lambda_u^2} = 1 \tag{2.73}$$

$$\lambda_{Re} = \frac{\lambda_u \lambda_l}{\lambda_v} = 1 \tag{2.74}$$

$$\lambda_{Ca} = \frac{\lambda_u \lambda_\mu}{\lambda_\gamma} = 1 \tag{2.75}$$

$$\lambda_{St} = \frac{\lambda_l}{\lambda_t \lambda_u} = 1 \tag{2.76}$$

$$\lambda_{Fr} = \frac{\lambda_u^2}{\lambda_g \lambda_l} = 1 \tag{2.77}$$

$$\lambda_{Bo} = \frac{\lambda_\rho \lambda_g \lambda_l^2}{\lambda_\gamma} = 1 \tag{2.78}$$

实际流场的物理量包括：特征长度（L）、速度（U）、声速（C）、时间（t_0）、体积力（F_0），表面张力（γ_0）、动力黏度（μ_0）、运动黏度（v_0）、压力（P）和密度（ρ_0）。

计算流场中的物理量包括：特征长度（l）、速度（u）、声速（c_s）、时间（t）、体积力（f），表面张力（γ）、动力黏度（μ）、运动黏度（v）、压力（p）和密度（ρ）。

首先，选取计算流场中的 l 和 c_s，得到长度的相似比 $\lambda_l = L/l$ 和速度的相似比 $\lambda_u = C/c_s$。从而计算出其他物理量的相似比，得到的格子单位与物理单位的转换关系见表 2.1。

在大部分情况下，无法保证计算流场与实际流场所有的特征数都相同，所以，在模拟过程中，只需要保证主要的特征数相同。这种方法仍有一定的局限性。例如，压力相似比与密度相似比之间的关系是由状态方程决定的，对于一些非理想气体，状态方程未知，则无法计算压力相似比与密度相似比。此外，对于某些不常见的流体，流体在实际流场中的声速很难确定。此时，可以采用基于无量纲化的转换方法进行转换。

表 2.1　格子系统与物理系统的单位转换(相似原理)

物理变量	格子单位	物理单位	转换关系
长度	l	$L(\mathrm{m})$	$\lambda_l = L/l$
速度	$u = \dfrac{U}{\lambda_u} = U\dfrac{c_s}{C}$	$U(\mathrm{m/s})$	$\lambda_u = \dfrac{C}{c_s}$
声速	c_s	$C(\mathrm{m/s})$	—
时间	$t = \dfrac{t_0}{\lambda_t} = t_0\dfrac{lC}{c_sL}$	$t_0(\mathrm{s})$	$\lambda_{St} = \dfrac{\lambda_l}{\lambda_t\lambda_u} = 1$
体积力 (重力、电磁力)	$f = \dfrac{F_0}{\lambda_g} = F\dfrac{Lc_s^2}{lC^2}$	$F_0(\mathrm{kg \cdot m/s^2})$	$\lambda_{Fr} = \dfrac{\lambda_u^2}{\lambda_g\lambda_l} = 1$
表面张力	$\gamma = \dfrac{\gamma_0}{\lambda_\gamma} = \gamma_0\dfrac{l^2c_s}{L^2C}$	$\gamma_0(\mathrm{kg/s^2})$	$\lambda_{Bo} = \dfrac{\lambda_\rho\lambda_g\lambda_l^2}{\lambda_\gamma} = 1$
动力黏度	$\mu = \dfrac{\mu_0}{\lambda_\mu} = \mu_0\dfrac{l^2}{L^2}$	$\mu_0(\mathrm{kg/(m \cdot s)})$	$\lambda_{Ca} = \dfrac{\lambda_u\lambda_\mu}{\lambda_\gamma} = 1$
运动黏度	$v = \dfrac{v_0}{\lambda_v} = v_0\dfrac{c_sl}{CL}$	$v_0(\mathrm{m^2/s})$	$\lambda_{Re} = \dfrac{\lambda_u\lambda_l}{\lambda_v} = 1$
压力	$p = \dfrac{P}{\lambda_p} = P\dfrac{lc_s}{LC}$	$P(\mathrm{kg/(m \cdot s^2)})$	$\lambda_{Eu} = \dfrac{\lambda_p}{\lambda_\rho\lambda_u^2} = 1$
密度	$\rho = \dfrac{\rho_0}{\lambda_\rho} = \rho_0\dfrac{lC}{Lc_s}$	$\rho_0(\mathrm{kg/m^3})$	$\lambda_{Eu} = \dfrac{\lambda_p}{\lambda_\rho\lambda_u^2} = 1$

2.6.2　基于无量纲化的转换

通常使用的方法是基于无量纲化的转换,见表 2.2。这种方法在单位转换过程中更为便捷,根据选定的特征尺度(特征长度(L_0)、特征时间(T_0)和特征质量(M_0))将实际流场中的物理单位和格子系统中的无量纲的物理量相互转换。计算步骤如下。

(1)特征长度的确定。先根据格子系统确定 L_0,即 $L_0 = h = L/N$,其中,h 为单位格子长度(有量纲);L 为实际流场的特征长度;N 为考虑计算代价确定的模拟所需要的格子数。

(2)考虑数值稳定性。格子系统中的松弛时间 τ 值要大于 0.5。通常情况下,对于单组分污染物流体,τ 值设定为 1.0;对于复杂的多组分多相系统,τ 值视情况设定。根据 $v = c_s^2(\tau - 0.5)$ 来确定格子系统中的运动黏度(v),若研究的污染物迁移实际流场中流体的运动黏度为 v_0,根据 $v = v_0(\mathrm{m^2/s}) \cdot T_0(\mathrm{s})/L_0^2(\mathrm{m})$,即可确定特征时间($T_0$)。

(3)特征质量的确定。若选定格子系统的质量为 ρ,已知实际流场中流体的质量

(ρ_0)，则 M_0 由 $\rho = \rho_0 (\mathrm{kg/m^3}) \cdot L_0^3 (\mathrm{m}) / M_0 (\mathrm{kg})$ 计算得出。

表 2.2　物理单位与格子单位转换关系（无量纲化转换）

物理变量	格子单位	物理单位	转换关系
长度	l	$L(\mathrm{m})$	$l = L - L_0$
速度	u	$U_0(\mathrm{m/s})$	$u = U_0 \cdot T_0 / L_0$
时间	t	$T(\mathrm{s})$	$t = T/T_0$
格子长度	$\partial x = 1$	$h(\mathrm{m})$	$\partial x = h/L_0$
格子速度	$c = \partial x/\partial t = 1$	$C(\mathrm{m/s})$	$c = C \cdot T_0/L_0$
时间步长	$\partial t = 1$	$\Delta t(s)$	$\partial t = \Delta t/T_0$
运动黏度	υ	$\upsilon_0(\mathrm{m^2/s})$	$\upsilon = \upsilon_0 \cdot T_0/L_0^2$
压力	p	$P(\mathrm{kg/(m \cdot s^2)})$	$p = P \cdot L_0 T_0^2/M_0$
密度	ρ	$\rho_0(\mathrm{kg/m^3})$	$\rho = \rho_0/L_0$

2.7　本章小结

本章阐述了管道泄漏污染物迁移研究中所用的介观格子 Boltzmann 方法基础，为研究管道泄漏污染物介观迁移提供了理论基础。其中，主要的研究过程和结果如下。

（1）基于气体动理论基础推导了 Boltzmann 方程和 Maxwell 分布，给出了格子 Boltzmann 方法的基本模型。其中，一维模型主要有 D1Q3、D1Q5，二维模型主要有 D2Q9、D2Q7，三维模型主要有 D3Q15、D3Q19。然后给出了模型的速度离散、速度分布和权系数，并给出了研究管道泄漏污染物迁移时所用 D2Q9 模型的分布函数和相关参数。

（2）分析了管道泄漏污染物迁移的 Boltzmann 方法边界条件处理格式，给出了周期性边界格式、反弹边界格式、充分发展边界处理格式、非平衡态外推格式的使用条件。

（3）给出了基于格子 Boltzmann 方法研究输油管道泄漏污染物迁移的计算流程，分析了管道泄漏污染物迁移中格子单位和物理单位之间的转换关系。

本章参考文献

[1] 董波. 非混相驱替过程的格子 Boltzmann 模拟[D]. 大连：大连理工大学，2011.

[2] 何雅玲，王勇，李庆. 格子 Boltzmann 方法的理论及应用[M]. 北京：科学出版社，2009.

[3] 应纯同. 气体输运理论及应用[M]. 北京：清华大学出版社，1990.

[4] BHATNAGAR P L, GROSS E P, KROOK M. A model for collision processes in gases I. small amplitude processes in charged and neutral one-component systems

[J]. Physical Review，1954，94(3)：511-525.

[5] KUBIAK K J，MATHIA T G. Anisotropic wetting of hydrophobic and hydrophilic surfaces-modelling by lattice boltzmann method[J]. Procedia Engineering，2014，79：45-48.

[6] QIAN Y H，DHUMIR D，LALLEMAND P. Lattice BGK models for navier-stokes equation[J]. Epl，1992，17(6BIS)：479-481.

[7] CHAPMAN S，COWLING T G. The mathematical theory of non-uniform gases [J]. 3rd edition. Cambridge：Cambridge University Press ，1970.

[8] 沈青. 稀薄气体动理论[M]. 北京：国防工业出版社，2003.

[9] 杨康，郭照立. 基于 Enskog 动理论的非理想流体的多松弛格子 Boltzmann 模型[J]. Science Bulletin，2015，60(6)：634-647.

[10] SUCCI S. Lattice Boltzmann equation for fluid dynamics and beyond [M]. Oxford：Clarendon Press，2001.

[11] CHEN S Y，MARTINEZ D，MEI R W. On boundary conditions in lattice Boltzmann methods [J]. Physics of Fluids，1996，8(9)：2257-2563.

[12] FRISCH U，HUMIÈRES D，HASSLACHER B，et al. Lattice gas hydrodynamics in two and three dimensions [J]. Complex Systems，1987，1：649-657.

[13] MARTINEZ D O，MATTHAEUS W H，CHEN S，et al. Comparison of spectral method and lattice Boltzmann simulation of two-dimensional hydrodynamics[J]. Physics of Fluids，1994，6：1285-1290.

[14] ZIEGLER D P. Boundary conditions for lattice Boltzmannsimulations[J]. Journal of Statistical Physics，1993，71(5/6)：1171-1177.

[15] CORNUBERT R. A Knudsen layer theory for latticegases[J]. Physica D，1991，47：241-259.

[16] 王勇. 格子 Boltzmann 方法在热声领域的应用及热声谐振管可视化实验研究[D]. 西安：西安交通大学，2009.

[17] GUO Z L，SHI B C. Non-equilibrium extrapolation method for velocity and pressure boundary conditions in the lattice Boltzmann method[J]. Chinese Physics，2002，11(4)：366-374.

[18] ZOU Q，HE X. On pressure and velocity boundary conditions for the lattice Boltzmann BGK model[J]. Phys. Fluids，1996，9(6)：1591-1598.

[19] 黄海波. 非混相驱替过程的格子 Boltzmann 模拟[D]. 大连：大连理工大学，2011.

第 3 章　泄漏污染物多相流介观模拟基础

研究埋地输油管道泄漏污染物在土壤类多孔介质中的迁移时,土壤类多孔介质孔隙中含有少量的水分和气体,泄漏污染物与孔隙中的其他物质碰撞迁移,属于多相流问题。本章将介绍在格子 Boltzmann 方法中常用的多相流模型,选择一种方便易行的多相流模型进行数值模拟并采用算例验证,为埋地输油管道泄漏污染物在多孔介质中迁移的进一步研究做理论基础。

3.1　LBM 中的多相流模型

格子 Boltzmann 方法中常用的多相流模型有着色模型、自由能模型和伪势(SC)模型。颜色模型是使用不同颜色标记不同相的两种粒子,粒子之间作用力由颜色梯度实现,并通过颜色梯度来完成粒子的合并与分离;自由能模型在研究多相流时与热力学理论是一致的,初始粒子中对应的平衡态分布函数的碰撞项被非理想流体的应力张量改变,自由能体系中平衡态函数最终达到稳定;伪势模型研究的流体中有不同的组分,不同组分分别用不同的分布函数表示,组分之间的作用力用一个势函数表示,组分之间的引力和斥力分别有正负之分。

3.1.1　着色模型

Gunstensen 等在 Rothman 等的基础上创建了第一个用于计算两相不互溶流体的LBM 模型,这一模型成功克服了原模型不满足伽利略不变性及含噪声的非物理性缺点,但压力仍然依赖于速度。此外,还有线性化算子不能得到有效计算,模型不能处理不同密度和黏度的两种流体的缺点。Grunau 等进一步发展了这一模型:用单弛豫时间碰撞算子简化了碰撞算子的计算并且选用了合适的粒子平衡态分布函数,同时允许不同颜色粒子发生碰撞。改进后的模型在不可压条件下,可以得到宏观 Navier-Stokes 方程,能够模拟不同密度、不同黏度的两相流。以上这些模型都以 R−K 模型为基础,将这些模型统称为颜色模型。

基本的颜色两相模型使用蓝色和红色标记两种不互溶的流体,它们有独立的密度分布函数和平衡密度分布函数,各自遵循格子 Boltzmann 方程的动态演化过程,每一相都有独立的碰撞因子。两相独立的概率密度分布函数分别为 $f_i^b(x,t)$(蓝色流体)和 $f_i^r(x,t)$(红色流体),总的分布函数(无颜色区分)定义为

$$f_i^{\text{blind}} = f_i^b + f_i^r \tag{3.1}$$

其每个组分一般的演化方程为

$$f_i^k(x + e_i\delta t, t + \delta t) = f_i^k(x, t) + \Omega_i^k(x, t) \tag{3.2}$$

$$\Omega_i^k = (\Omega^k)^1 + (\Omega^k)^2 \tag{3.3}$$

式中，k 为 b 或 r，用来区分蓝色及红色流体；Ω_i^k 为碰撞因子，第一项 $(\Omega^k)^1$ 代表 LBGK 模型中的局部平衡弛豫过程

$$(\Omega^k)^1 = (-\frac{1}{\tau_k})(f_i^k - f_i^{k(\mathrm{eq})}) \tag{3.4}$$

第二项 $(\Omega^k)^2$ 表示在界面附近给流体颗粒的分布增加了一个各向异性的扰动，它代表了界面动力学的影响，体现表面张力的作用。在 Gunstensen 等的模型中

$$(\Omega_i^k)^2 = A \mid G \mid \cos 2(\theta_i - \theta_f) \tag{3.5}$$

$$G(x, t) = \sum_i e_i [\rho_r(x + e_i, t) - \rho_b(x + e_i, t)] \tag{3.6}$$

式中，A 为适应于表面张力大小的参数；θ_i 为格子方向 i 的角度；θ_f 为颜色场的局部梯度 G 相对于格子方向计算的角度。由此，不可压缩流体模型的单相区域中，颜色梯度为 0，界面扰动只作用于相界面处和混合区域，主要是将界面附近的颗粒总量重新分布，在保证格子上总量和动量守恒的基础上，消除平行于界面方向上的分量，增加垂直方向的分量。

在上述模型的基础上，Lishchuk 等用混合区域直接耦合作用力替代了原有的扰动项，恢复了界面两侧的压力差，实现了表面作用力的宏观效应，并且降低了模型中人为效应。为了实现压差，沿界面强制了一个局部压力梯度作为外加作用力，并且将该体积力通过引入扰动的方式耦合到格子 Boltzmann 方程。该体积力垂直于界面方向，指向圆心，并且与颜色梯度的大小呈正比。

$$F(x, t) = -\frac{1}{2}\sigma((I - nn) \cdot \nabla) \cdot n \cdot G(x, t) \tag{3.7}$$

$$(\Omega_i^k)^2 = \frac{1}{c_s^2} w_i (F(x, t) \cdot e_i) \tag{3.8}$$

式中，σ 的大小直接决定了表面张力的大小，其与实际模拟的结果数值一致；n 为颜色梯度的单位向量。该方法计算简便，实现了表面张力的直观定义，并且有效降低了界面上的伪速度。

碰撞完成之后，需要通过重新标色过程将扰动之后的颗粒总量重新标记颜色，以维持界面的存在，实现相分离。在 Gunstensen 等的模型中，在碰撞之后强制局部的颜色分量 $j(x, t)$ 与颜色场梯度的方向一致，即界面上带有颜色的分布函数要按照使 $-j \cdot G$ 最大化的方式进行重新标色，即

$$j(x, t) = \sum_i e_i (f_i^r(x, t) - f_i^b(x, t)) \tag{3.9}$$

本质上来说，该步骤强制混合区域中带有颜色的流体向着同样颜色的区域流动，使得穿过界面的流体尽可能少，可以维持陡峭的界面；相同颜色的颗粒趋向于集合在一起，因此产生不溶的两相。

该力法中，需要通过手动极大化颜色通量，引入反扩散过程实现相分离，因此需要更

多的计算量,同时对界面产生了不利影响。由于沿着界面切线方向缺少扩散,生成了折线形不光滑的界面。Latva－Kokko 等在模型中引入更加温和的扩散过程实现重新标色过程,通过可调节的参数控制沿着界面的相扩散的强度,得到平滑的界面。同时,也消除了 Lattice Pinning 的问题,降低了模型实现的难度。其重新标色为

$$f_i^r = \frac{\rho_r}{\rho_r + \rho_b} f_i^{blind} + \beta \frac{\rho_r \rho_b}{(\rho_r + \rho_b)^2} f_i^{blind(eq,0)} \cos \theta_f \qquad (3.10)$$

$$f_i^b = \frac{\rho_b}{\rho_r + \rho_b} f_i^{blind} + \beta \frac{\rho_r \rho_b}{(\rho_r + \rho_b)^2} f_i^{blind(eq,0)} \cos \theta_f \qquad (3.11)$$

式中,β 为两相流体分离的趋势,取值 $0 \sim 1$,其值越大表示界面的扩散能力越差,即代表了界面的厚度。

除以上对基本模型的改进之外,很多研究者通过局部算法的优化,进一步拓宽了颜色梯度模型的适用参数范围(如更高的黏度或密度比、更低的表面张力)和计算精确度。这些优化都是基于两相体系,Gunstensen 首次提出了对三相模型的研究,可以直接从两相模型很好地扩展到对应的三相体系,但是他的方法局限于体系中只存在三种流体界面,不能一般化到 N 种流体。Dupin 等给每一个流体界面分别定义颜色梯度,可以扩展到 N 种流体;Halliday 等将重新标色过程扩展到了多相流体,但是这些多相模型都不能应用于不同密度比的模拟中。最近的研究中,Leclaire 等基于 Reis 等的碰撞过程和 Latva－Kokko 等的颜色分布两相基础模型拓展了不互溶多相流体的模拟,并且适用于高密度比(10^3)和高黏度比(10^2)的体系。

颜色模型是最早提出的两组分 LBM 模型,已有研究者用其研究 Spinodal 相分离、多孔介质内的多相流动等复杂问题。但是,这类模型具有较大的局限性,如表面张力的各向异性、界面附近较大的伪速度、不容易考虑热动力学的影响等,对其应用产生了较大限制,本书不做详细介绍。

3.1.2 自由能模型

Swift 认为,作为计算流体力学领域中一个成功的 LBM 模型必须能够保证热力学一致性,并在 1995 年提出了 LBM 的自由能多相流模型。2002 年,Sauro 等为研究玻璃流动的滞后行为提出了一种能够克服大密度比的格子 Boltzmann 架构,并验证其具有更高的数值稳定性和精度。该架构的主要特点是通过增加一个速率控制系数计入了邻近两格点间粒子分布函数的迁移速率的控制。在这一思想的基础上,Zheng 等于 2006 年首次将该架构应用到具有大密度比(1∶1 000)的两相流研究中,并取得了不错的成果。由于气泡在上浮及融合过程中,其界面会存在大的变形和破裂、重构,容易造成数值的不稳定,因此本书以 Swift 等在 1995 年提出的自由能模型为基础,计入了邻近两格点间碰撞项的差分松弛,并结合 Lee 等提出的分步操作,将传统的碰撞操作由单步操作转化为两步操作,提出了一种在模拟大密度比气液两相流中具有更高灵活性和精度的改进格子 Boltzmann 模型。

使用 Boltzmann 模拟方法模拟动态多元流体时,相比于单一组分流体,多元流体有两个或多个相互独立的组分,且基于多组分的 Boltzmann 分布函数必须满足质量守恒,依单弛豫时间格子 Boltzmann 方程有

$$f_i(x + e_i\Delta t, t + \Delta t) - f_i(x, t) = -\frac{1}{\tau_1}(f_i - f_i') \tag{3.12}$$

$$g_i(x + e_i\Delta t, t + \Delta t) - g_i(x, t) = -\frac{1}{\tau_1}(g_i - g_i') \tag{3.13}$$

其中,物理变量是总流体密度(n),流体平均速率(u),两组分间密度(n_1、n_2)及两组分浓度变化量($\Delta n = n_1 - n_2$)。有关分布函数为

$$n = \sum_i f_i \tag{3.14}$$

$$nu_\alpha = \sum_i f_i e_{i\alpha} \tag{3.15}$$

$$\Delta n = \sum_i g_i \tag{3.16}$$

为使碰撞前后三个宏观变量满足局部守恒,平衡态函数需满足以下条件:

$$\sum_i f_i' = n \tag{3.17}$$

$$\sum_i f_i' e_i = nu_\alpha \tag{3.18}$$

$$\sum_i g_i' = \Delta n \tag{3.19}$$

此外,为使模型得到正确的宏观动力学方程,两组平衡态分布函数$\{f_i^{eq}\}$、$\{g_i^{eq}\}$还应满足以下条件:

$$\sum_i e_{i\alpha} e_{i\beta} f_i' = P + nu_\alpha u_\beta \tag{3.20}$$

$$\sum_i g_i' e_{i\alpha} = \Delta n u_\alpha \tag{3.21}$$

$$\sum_i c_{i\alpha} c_{i\beta} g_i' = \Gamma \Delta\mu I + \Delta n u_\alpha u_\beta \tag{3.22}$$

式中,P 为压力张量;$\Delta\mu$ 为二组分的化学电位差;Γ 为迁移系数。

$O((\Delta t)^2)$ 构成了密度的连续性方程

$$\partial_t n + \partial_\alpha(nu_\alpha) = 0 \tag{3.23}$$

平均流体动量 Stokes 方程为

$$\partial_t(nu_\beta) + \partial_\alpha(nu_\alpha u_\beta) = -\partial_\beta p_0 + v\nabla^2(nu_\beta) + \partial_\beta\{\lambda(n)\partial_\alpha(nu_\alpha)\} \tag{3.24}$$

密度差的对流扩散方程为

$$\partial t\Delta n + \partial_\alpha(\Delta n u_\alpha) = \Gamma\theta\nabla^2\Delta\mu - \theta\partial_\alpha\left(\frac{\Delta n}{n}\partial_\beta P_{\alpha\beta}\right) \tag{3.25}$$

其中,

$$\theta - (\Delta t)(\tau_2 - 1/2) \tag{3.26}$$

$$v = \frac{2\tau_1 - 1}{8}(\Delta t)c^2 \tag{3.27}$$

$$\lambda(n) = \left(\tau_1 - \frac{1}{2}\right)\Delta t\left(\frac{c^2}{2} - \frac{dp_0}{dn}\right) \tag{3.28}$$

Swift 等考虑了相互排斥的两组分流体,自由能泛函为

$$\Psi = \int dr\left(\psi(T, n, \Delta n) + \frac{k}{2}(\nabla n)^2 + \frac{k}{2}(\nabla \Delta n)^2\right) \tag{3.29}$$

一个 T 温度下的自由能密度为

$$\psi(\Delta n, n, T) = \frac{\lambda}{4}n\left(1 - \frac{\Delta n^2}{n^2}\right) - Tn + \frac{T}{2}(n + \Delta n)\ln\left(\frac{n + \Delta n}{2}\right) + \frac{T}{2}(n - \Delta n)\ln\left(\frac{n - \Delta n}{2}\right) \tag{3.30}$$

式中,λ 为两组分相互作用强度。当 $T < T_c = \frac{1}{2}\lambda$ 时,两相发生分离。化学势差和压力张量表达式为

$$\Delta\mu(\Delta n, n, T) = -\frac{\lambda}{2}\frac{\Delta n}{n} + \frac{T}{2}\ln\left(\frac{1 + \Delta n/n}{1 - \Delta n/n}\right) - K\nabla^2(\Delta n) \tag{3.31}$$

$$P(r) = nT - K(n\nabla^2 n + \Delta n\nabla^2\Delta n) - \frac{K}{2}(|\nabla n|^2 + |\nabla\Delta n|^2) \tag{3.32}$$

定义 f_i' 和 g_i' 的表达式为

$$f_i' = A + Bu_\alpha e_{i\alpha} + Cu^2 + Du_\alpha u_\beta e_{i\alpha}e_{i\beta} + Ge_{i\alpha}e_{i\beta} \tag{3.33}$$

$$f_0' = A_0 + C_0 u^2 \tag{3.34}$$

$$g_i' = H + Ku_\alpha e_{i\alpha} + Ju^2 + Qu_\alpha u_\beta e_{i\alpha}e_{i\beta} \tag{3.35}$$

$$g_i' = H_0 + J_0 u^2 \tag{3.36}$$

其中,系数参数为

$$A_0 = n + 6A, A = (p_0 - K\Delta n\nabla^2\Delta n - nKn\nabla^2)3c^2, B = n/3c^2, C = -n/6c^2, C_0 =$$
$$-n/c^2, D = 2n/3c^4, G_{xx} = -G_{yy} = \frac{K}{3c^4}\left\{\left(\frac{\partial n}{\partial x}\right)^2 - \left(\frac{\partial n}{\partial x}\right)^2\right\} + \frac{K}{3c^4}\left\{\left(\frac{\partial\Delta n}{\partial x}\right)^2 - \left(\frac{\partial\Delta n}{\partial x}\right)^2\right\}$$

其中,

$$G_{xy} = \frac{2}{3c^4}\left[\frac{\partial n}{\partial x}\frac{\partial n}{\partial y} + \frac{\partial\Delta n}{\partial x}\frac{\partial\Delta n}{\partial y}\right], H_0 = \Delta n - 6H, H = \frac{\Gamma\Delta\mu}{3c^2}, K = \frac{\Delta n}{3c^2},$$

$$J = -\frac{\Delta n}{6c^2}, J_0 = -\frac{\Delta n}{c^2}, Q = -\frac{2\Delta n}{3c^4}$$

通过 Chapman—Enskog 展开,上述两个离散化的 LB 方程能够在二阶精度范围内很好地还原为宏观 Navier—Stokes 方程和 Cahn—Hilliard 方程。后者广泛地应用于相分离和扩散问题的过程描述,M 为迁移率;在两相流问题中用于捕捉相界面的变化,并能很好地考虑大密度比(可超过 1 000)的问题。因此,本书采用的模型能够很准确地模拟大密度比的两相流问题。

3.1.3　伪势模型

在埋地输油管道泄漏污染物中,多相之间既相互独立,又相互耦合。由于相互独立,导致每一相流体要独立进行流动和碰撞过程,因此每一相流体在格子上均有其粒子分布函数。而相互耦合导致其在模拟过程中还要考虑两相流体间的相互作用。

在 DmQn 模型中,多组分与单组分模型不同,伪势模型多组分多相流体系中有 S 个不同组分,每类组分都有各自的粒子分布函数,那么伪势模型中则包含 S 个分布函数的演化方程:

$$f_i^{\sigma}(x + e_i\delta t, t + \delta t) - f_i^{\sigma}(x,t) = -\frac{1}{\tau_k}(f_i^{\sigma}(x,t) - f_i^{\sigma(eq)}(\rho_{\sigma}, u_{\sigma}^{eq})) \quad (\sigma = 1,2,3,\cdots,S)$$

$$(3.37)$$

式中,$f_i^{\sigma}(x,t)$ 为 t 时刻第 σ 组分在 x 处 i 方向的颗粒分布函数,第 σ 组分的平衡分布函数 $f_i^{\sigma(eq)}(\rho_{\sigma}, u_{\sigma}^{eq})$ 为

$$f_i^{\sigma(eq)}(\rho_{\sigma}, u_{\sigma}^{eq}) = \omega_i\left[\rho_{\sigma} + \frac{e_i \cdot u_{\sigma}^{eq}}{2c_s^2} + \frac{(e_i \cdot u_{\sigma}^{eq})^2}{2c_s^4} - \frac{(u_{\sigma}^{eq})^2}{2c_s^2}\right] \quad (3.38)$$

式中,u_{σ}^{eq} 为第 σ 组分的平衡速度;τ_{σ} 为第 σ 组分的弛豫时间,与 τ_{σ} 对应的运动黏度系数为

$$v_{\sigma} = c_s^2(\tau_{\sigma} - 0.5)\delta t \quad (3.39)$$

模拟两相流需要将粒子间的相互作用力耦合到 LBM 中,采用在碰撞过程中引入作用力的方式,则平衡速度 u_{σ}^{eq} 根据下式进行确定:

$$u_{\sigma}^{eq} = \tilde{u} + \frac{\tau_{\sigma}F_{\sigma}}{\rho_{\sigma}} \quad (3.40)$$

式中,$\tilde{u}$ 为各组分在相间作用力下产生的复合速度,即

$$\tilde{u} = \sum_{\sigma}\frac{\rho_{\sigma}u_{\sigma}}{\tau_{\sigma}} / \sum_{\sigma}\frac{\rho_{\sigma}}{\tau_{\sigma}} \quad (3.41)$$

第 σ 组分的宏观流体密度、流体速度为

$$\rho_{\sigma}(x,t) = \sum_i f_i^{\sigma}(x,t) \quad (3.42)$$

$$\rho_{\sigma}(x,t)u_{\sigma}(x,t) = \sum_i e_i f_i^{\sigma}(x,t) \quad (3.43)$$

所有流体总密度为

$$\rho = \sum_{\sigma}\rho_{\sigma} \quad (3.44)$$

则宏观速度 u 为

$$\rho u = \sum_{\sigma}u_{\sigma}\rho_{\sigma} + \frac{1}{2}\sum_{\sigma}F_{\sigma} \quad (3.45)$$

式中,F_{σ} 为作用在第 σ 组分的总作用力,包括流体间作用力 $F_{1\sigma}$、流固之间的作用力 $F_{2\sigma}$ 及流体本身重力 $F_{3\sigma}$,可利用势函数得到流体间的作用力,即

$$F_{1\sigma}(x) = -\psi^{\sigma}(x) \sum_{\sigma'}^{S} G_{\sigma\sigma'} \sum_{i=0}^{b} \psi^{\sigma'}(x + e_i)e_i \tag{3.46}$$

式中,S 为组分数目;b 为格子方向数目。

在 D2Q9 模型中,

$$G_{\sigma\sigma'}(e_i) = \begin{cases} g_{\sigma\sigma'} & (|e_i| = 1) \\ g_{\sigma\sigma'}/4 & (|e_i| = \sqrt{2}) \\ 0 & \text{其他} \end{cases} \tag{3.47}$$

在 D3Q19 模型中,

$$G_{\sigma\sigma'}(e_i) = \begin{cases} g_{\sigma\sigma'} & (|e_i| = 1) \\ g_{\sigma\sigma'}/2 & (|e_i| = \sqrt{2}) \\ 0 & \text{其他} \end{cases} \tag{3.48}$$

在流固交界面处,将壁面看作密度为常数的一相,流固间的作用力 $F_{2\sigma}$ 为

$$F_{2\sigma}(x) = -\rho_{\sigma}(x) \sum_{i=0}^{b} G_i^{\sigma} s(x + e_i)e_i \tag{3.49}$$

式中,$G_i^{\sigma}(x - x')$ 的形式与 $G_{\sigma\sigma'}(x - x')$ 相同,表示第 σ 组分与边壁之间的作用强度;$s = 0$ 或 1,分别代表流体或固体。

在式(3.49)基础上引入固相有效密度,建立与流体相间作用力形式一致的流固作用力为

$$F_{2\sigma}(x) = -\psi^{\sigma}(x) \sum_{\sigma}^{S} G_i^{\sigma} \sum_{i=0}^{b} \psi(\rho_w) s(x + e_i)e_i \tag{3.50}$$

式中,$G_i^{\sigma}(x - x')$ 在 D2Q9 模型和 D3Q19 模型取值不同;ρ_w 为固相的假定密度。

在 D2Q9 模型中,

$$G_i^{\sigma}(x - x') = \begin{cases} W & (|e_i| = 1) \\ W/4 & (|e_i| = \sqrt{2}) \\ 0 & \text{其他} \end{cases} \tag{3.51}$$

在 D3Q19 模型中,

$$G_i^{\sigma}(x - x') = \begin{cases} W & (|e_i| = 1) \\ W/2 & (|e_i| = \sqrt{2}) \\ 0 & \text{其他} \end{cases} \tag{3.52}$$

式(3.51)和式(3.52)中,W 的正负分别代表非湿润流体和湿润流体,可以通过调节 W 改变流体的湿润性。通过改变 ρ_w 的值调节流固之间的接触角,可以实现湿润性质各异的流体与固相作用力的计算。

流体本身的重力计算公式为

$$F_{3\sigma} = \rho_{\sigma}g \tag{3.53}$$

式中,g 为单位质量所受的重力。

3.2　多相流算例分析

伪势模型具有自动追踪相界面、计算效率高、编程容易和处理壁面润湿性方便等特点,受到研究者的广泛关注,得到了充分发展,在多个领域内都有所应用,因此,本书采用伪势模型模拟埋地输油管道泄漏污染物多相流。

3.2.1　伪势模型的参数

泄漏污染物迁移 LBM 模拟需要油水相或者油气相之间的受力参数,本书采用 Young－Laplace 定律确定其适合的受力参数。Young－Laplace 定律满足 $\Delta p = \dfrac{\sigma}{r}$,其中 $\Delta p = p_{in} - p_{out}$,$p_{in}$ 和 p_{out} 分别代表液滴界面的内外压力,σ 代表所得表面张力,r 代表液滴半径。

算例计算区域采用 50×50 的格子单位,不考虑重力,采用两组分间作用力系数 G 为 3.5 和 4.0,分析半径为 8、10、12.5、15、18 格子单位下 Young－Laplace 定律。计算区域初始相为气体,其中放置一个小液滴,然后通过上述多相流模型分析其演化过程,当相邻两次运算速度相对误差小于 10^{-5} 时收敛,认为系统达到平衡状态。

图 3.1 所示为平衡态 $G = 3.5$、$R = 15$ 时液滴的形状和密度分布,由此可以看出液滴界面内外有明显的密度差,反映其明显的压差。

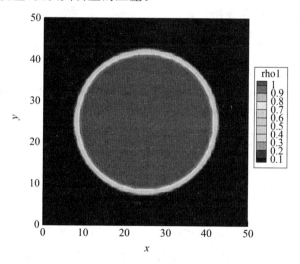

图 3.1　平衡态 $G = 3.5$、$R = 15$ 时液滴的形状和密度分布

如图 3.2 所示分别以 $G = 4$ 和 $G = 3.5$ 进行数据分析,半径为 8、10、12.5、15、18 格子单位的五种情况下以液滴曲率 $1/R$ 为横坐标、压差 p 为纵坐标进行数值拟合,经过换算后横坐标分别为 0.07、0.08、0.1、0.125、0.2,根据密度与压力关系计算其压差,得出其线性趋势,从而得到接近于 1 的良好相关系数。

从图 3.2 中可以看出,液滴内外压差与液滴曲率呈现线性比例关系,与传统的理论是一致的。图 3.2 数值验证分析中,$G=4$ 时拟合曲线方程为 $y=0.184\,44x-0.001\,35$,相关性系数 $R^2=0.992\,61$;$G=3.5$ 时拟合曲线方程为 $y=0.172\,57x-0.001\,11$,相关性系数 $R^2=0.995\,87$。由图 3.2 和相关系数可以发现,数值结果与线性拟合效果良好,图中拟合直线的斜率代表 Young$-$Laplace 定律中的表面张力,$G=4$ 和 $G=3.5$ 对应的表面张力分别为 0.184 44 和 0.172 57。由图 3.2 中曲线可以看出,在 G 取值 3.5 到 4.0 时效果良好,在后期多相流泄漏污染物迁移模拟中可采用 3.5~4.0。

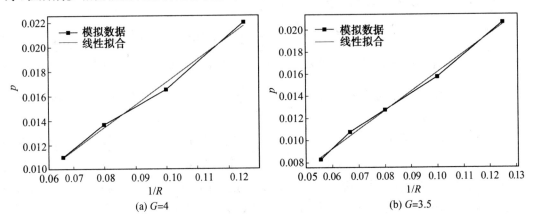

图 3.2　Young$-$Laplace 定律数值验证分析

3.2.2　油水多相流分析

输油管道泄漏污染物中含有一定比例的水,在泄漏污染物迁移扩散时,多孔介质孔隙内往往处于油水混沌状态,由于油水之间的斥力等因素导致互不相溶,会出现油水两相分离过程。本算例采用伪势多组分多相模型模拟不混溶两组分流体,研究泄漏污染物迁移过程中的油水分离现象。

模拟过程中,采用 D2Q9 模型,计算区域网格为 100×100 格子单位。整个区域密度初始化为 1.0,油水两相在数值模拟中的松弛系数均为 1.0。进口采用周期性边界条件,出口为非平衡态外推边界条件。G 值取 3.5,加入 0.000 2 的压力梯度。

密度初始化:rho1$[i][j]=$rho0$\times(0.5+0.001\times(1-2.0(\text{rand}()\%100/100.0)))$;

rho2$[i][j]=$rho0$(0.5-0.001(1-2.0(\text{rand}()\%100/100.0)))$。

式中,rand() 为范围 [0,1] 的随机数,可为油水两相分离提供波动。初始时,组分 1 和组分 2 的速度为 0。随着时间的推移,两种互不混溶的组分从最初时刻的均匀随机分布,逐渐实现两相分离。在界面张力的作用下,由于不混溶,两种组分最终分离。

图 3.3 所示分别为演化时间步在 0、300、500、3 000、7 000 和 10 000 步时的密度分布图,图中深色区域为水相,浅色区域为油相。从图中可以清楚地看到油水两相的分离:随着时间的演化,小区域内油水混沌状态逐渐分离,在水相中逐渐生成一个个的油滴,由不

规则的曲线图形逐渐变为圆形。演化过程中,两相之间的表面张力使得油相之间逐渐相互融合,合并形成更大的油滴。

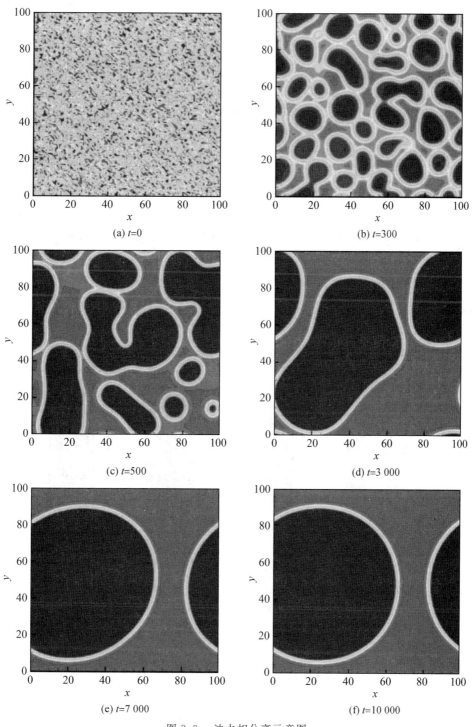

图 3.3　油水相分离示意图

3.2.3　油气多相流分析

研究泄漏污染物在土壤中的迁移时,土壤中孔隙内充满了气相和少量液相,泄漏污染物会在迁移过程中驱替土壤孔隙中的气体。本算例采用格子 Boltzmann 方法中的伪势 SC 模型,研究泄漏污染物在遇到土壤孔隙中气相时的驱替问题。

模型简化为在一个充满气相的小区域中,泄漏油相污染物从上面进口流入,驱替区域中的气相进行迁移扩散。如图 3.4 所示,泄漏污染物为组分 2,自上而下驱动气相组分 1,组分 1 和 2 的密度分别设为 0.8 和 1.0。假设黏性比均为 1∶1,采用 LBGK 模型,时间常数为 1.0。上下分别为进出口边界,进口采用周期性边界条件,出口采用非平衡外推边界条件。出口边界固定密度,初始化时刻全场为气相组分 1。左右均为固体壁面,采用反弹边界条件。在多组分多相模型中,进口密度只存在主动驱动相,出口主要存在主动驱动相。

如图 3.4 所示为 LBM 模拟油相驱替单孔隙气相变化图。由图 3.4 可以看出,随着时间变化,油相从进口流入后逐渐驱替走小区域中的气相,油相向下迁移轨迹形似抛物线,中间迁移较快,两侧在壁面摩擦力作用下向下迁移较慢。油气互不相溶,在油相和气相之间有明显的界面。由图 3.4 还可以观察得出,随时间变化油相将驱替气相穿过小孔隙而进一步迁移。

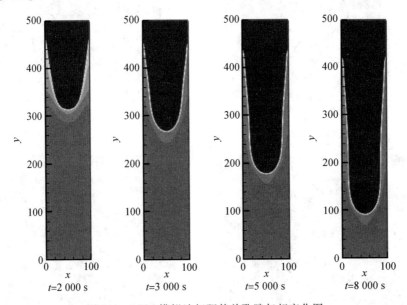

图 3.4　LBM 模拟油相驱替单孔隙气相变化图

通过多相流算例分析可知,基于本书研究内容建立的伪势模型在模拟泄漏污染物迁移时与预期结果一致性较好,从而验证了多相流伪势模型在研究输油管道泄漏污染物多相迁移过程中的可行性。

3.3 本章小结

本章介绍了着色模型、自由能模型、伪势模型三种多相流模型,采用伪势模型建立了埋地输油管道泄漏污染物迁移的二维模型。基于 Young－Laplace 定律确定了多相流模型参数 G 取值为 3.5～4.0,并模拟了油水两相分离和单管多相驱替现象,得出了与理论一致的结果。

本章参考文献

[1] GUNSTENSEN A K, ROTHMAN D H, ZALESKI S, et al. Lattice Boltzmann model of immiscible fluids[J]. Physical Review A, 1991, 43(43):4320-4327.

[2] SWIFT M R, OSBORN W R, YEOMANS J M. Lattice Boltzmann simulation of nonidealfluids[J]. Physical Review Letters, 1995, 75(5): 830-833.

[3] SHAN X, CHEN H. Lattice Boltzmann model for simulating flows with multiple phases and components[J]. Physical Review E Statistical Physics Plasmas Fluids & Related Interdisciplinary Topics, 1993, 47(3):1815-1819.

[4] SHAN X, DOOLEN G. Multicomponent lattice-Boltzmann model with interparticleinteraction[J]. Journal of Statistical Physics, 1995, 81(1/2): 379-393.

[5] ROTHMAN D H, KELLER J M. Immiscible cellular-automatonfluids[J]. Journal of Statistical Physics, 1988, 52(3):1119-1127.

[6] GRUNAU D, CHEN S, EGGERT K. A lattice Boltzmann model for multiphase fluidflows[J]. Physics of Fluids A Fluid Dynamics, 1993, 5(10):2557-2562.

[7] LISHCHUK S V, CARE C M, HALLIDAY I. Lattice Boltzmann algorithm for surface tension with greatly reducedmicrocurrents[J]. Physical Review E, 2003, 67 (3 Pt 2):210-215.

[8] LATVA-KOKKO M, ROTHMAN D H. Diffusion properties of gradient-based lattice Boltzmann models of immiscible fluids[J]. Physical Review E, 2005, 71(2): 122-133.

[9] D'ORTONA U, SALIN D, CIEPLAK M, et al. Two-color nonlinear Boltzmann cellular automata: Surface tension and wetting[J]. Physical Review E Statistical Physics Plasmas Fluids & Related Interdisciplinary Topics, 1995, 51(4):3718-3728.

[10] LECLAIRE S, REGGIO M, TRÉPANIER J Y. Isotropic color gradient for simulating very high density ratios with a two-phase flow lattice Boltzmannmodel[J].

Computers & Fluids, 2011, 48(1):98-112.

[11] REGGIO M, LECLAIRE S, TRÉPANIER J Y. Numerical evaluation of two recoloring operators for an immiscible two-phase flow lattice Boltzmann model[J]. Applied Mathematical Modelling, 2012, 36(5):2237-2252.

[12] GUNSTENSEN A K. Lattice-Boltzmann studies of multiphase flow through porousmedia[D]. Cambridge:Massachusetts Institute of Technology, 1992.

[13] DUPIN M M, HALLIDAY I, CARE C M. Multi-component lattice Boltzmann equation for mesoscale bloodflow[J]. Journal of Physics A General Physics, 2003, 36(31):8517-8534.

[14] HALLIDAY I, HOLLIS A P, CARE C M. Lattice Boltzmann algorithm for continuum multicomponentflow[J]. Physical Review E Statistical Nonlinear & Soft Matter Physics, 2007, 76(2):026708(1-13).

[15] LECLAIRE S, REGGIO M, TRÉPANIER J Y. Progress and investigation on lattice Boltzmann modeling of multiple immiscible fluids or components with variable density and viscosityratios[J]. Journal of Computational Physics, 2013, 246(4): 318-342.

[16] REIS T, PHILLIPS T N. Lattice Boltzmann model for simulating immiscible two-phaseflows[J]. Journal of Physics A Mathematical & Theoretical, 2007, 40(14): 4033-4053.

[17] GUNSTENSEN A K, ROTHMAN D H, ZALESKI S, et al. Lattice Boltzmann model of immiscible fluids.[J]. Physical Review A, 1991, 43(8):4320-4327.

[18] TOLKE J. Lattice Boltzmann simulations of binary fluid flow through porous media[J]. Philosophical Transactions of the Royal Society A Mathematical Physical & Engineering Sciences, 2002, 360(1792):535-45.

[19] LAMURA A, SUCCI S. A lattice Boltzmann for disordered fliuds[J]. International Journal of Modern Physics B, 2003, 17(1):145-148.

[20] ZHENG H W, SHU C, CHEW Y T. A lattice Boltzmann model for multiphase flows with large densityratio[J]. Journal of Computational Physics, 2006, 218 (1):353-371.

[21] LEE T, LIN C L. A stable discretization of the lattice Boltzmann equation for simulation of incompressible two-phase flows at high densityratio[J]. Journal of Computational Physics, 2005, 206(1):16-47.

[22] 刘高洁,郭照立,施保昌. 多孔介质中流体流动及扩散的耦合格子 Boltzmann 模型 [J]. 物理学报, 2016, 65(1):014702(1-9).

[23] 何雅玲,王勇,李庆. 格子 Boltzmann 方法的理论及应用[M]. 北京:科学出版社, 2009.

第 4 章　基于 FLUENT 的泄漏污染物孔隙流动模拟

4.1　多孔介质内污染物迁移的基本特性

4.1.1　多孔介质的基本概念

多孔介质作为流体发生渗流作用的载体,是一种广泛存在于自然界中,具有相互连通孔隙的介质材料。Bear 对多孔介质给出了比较完整的定义,指出多孔介质是处于多相物质中,而非单独存在的,且占据多相物质的一部分空间。多孔介质的固体骨架具有较大的比表面积,这个特点在很多方面决定着流体在多孔介质中的流动状态和性质。多孔介质中构成孔隙空间的孔隙比较狭窄,构成孔隙空间的某些孔洞之间相互连通,流体通过这些孔洞在孔隙间流动。此外,如果水相进入多孔介质的孔隙中,将会受水与固体间的引力作用,在固体表面逐渐形成一层结合水膜,阻碍流体的运动。影响多孔介质特性及流体特征的基本因素是孔隙空间、流体性质及它们之间的相互作用。

4.1.2　多孔介质的模型

在 FLUENT 多孔介质模拟中,相对于标准流体流动方程而言,简单多孔介质模型的建模,通过增加动量源项(S_i),可实现将流体在区域中受到的阻力作用转化为一种附加的分散阻力。黏性损失项和惯性损失项共同组成动量源项,其表达式为

$$S_i = -\left(\sum_{j=1}^{3} \boldsymbol{D}_{ij} \mu \nu + \sum_{j=1}^{3} \boldsymbol{C}_{ij} \frac{1}{2} \rho |\nu| \nu \right) \tag{4.1}$$

式中,S_i 为 x、y、z 三个矢量方向的动量源项;$\boldsymbol{D}$、$\boldsymbol{C}$ 为系数矩阵,进一步得到

$$\begin{bmatrix} S_x \\ S_y \\ S_z \end{bmatrix} = -\mu \begin{bmatrix} D_{11} & D_{12} & D_{13} \\ D_{21} & D_{22} & D_{23} \\ D_{31} & D_{32} & D_{33} \end{bmatrix} \begin{bmatrix} V_x \\ V_y \\ V_z \end{bmatrix} - \frac{1}{2} \rho |\nu| \begin{bmatrix} C_{11} & C_{12} & C_{13} \\ C_{21} & C_{22} & C_{23} \\ C_{31} & C_{32} & C_{33} \end{bmatrix} \begin{bmatrix} V_x \\ V_y \\ V_z \end{bmatrix} \tag{4.2}$$

动量源项在动量守恒方程中产生一个压降,用于平衡黏性阻力损失项和惯性阻力损失项,各向同性的多孔介质源项为

$$S_i = -\left(\frac{\mu}{k} \nu + C_2 \frac{1}{2} \rho |\nu| \nu \right) \tag{4.3}$$

式中,k 为多孔介质的渗透率,C_2 为惯性阻力因子。

4.1.3 多孔介质的基本参数

由于多孔介质结构复杂,无法对孔隙表面的形状进行具体描述,也很难解释流体与多孔介质内的固体颗粒间的相互作用,因此,将多孔介质假设为一种虚拟的、均匀的连续介质,不同流速下的流体分子间以相互碰撞的形式实现动量交换,简化流体在多孔介质内的流动问题。土壤介质是一种典型的多孔介质,其基本参数主要包括以下几项。

1. 土壤的密度(ρ)和干密度(ρ_d)

土壤的密度定义为土壤的总质量(M)与总体积(V)的比值:

$$\rho = \frac{M}{V} \tag{4.4}$$

土的干密度定义为土颗粒的质量(M_d)和土的总体积(V)的比值:

$$\rho_d = \frac{M_d}{V} \tag{4.5}$$

2. 土壤的含水率(w)和体积含水率(θ)

土壤的含水率也称为重力含水量,定义为水的质量(M_w)与固体骨架质量(M_v)之比:

$$w = \frac{M_w}{M_v} \times 100\% \tag{4.6}$$

土壤的体积含水率定义为水的体积(V_w)与土壤总体积(V)的比值:

$$\theta = \frac{V_w}{V} \times 100\% \tag{4.7}$$

3. 孔隙率(n)和孔隙比(e)

由于实际工程中多孔介质内部的孔隙结构并不均匀,孔隙率与多孔介质的空间位置、结构、尺寸和排布等关系,将孔隙率定义为孔隙体积(V_v)与总体积(V)的比值:

$$n = \frac{V_v}{V} \times 100\% \tag{4.8}$$

孔隙比定义为土壤中的孔隙体积(V_v)与其固体颗粒体积(V_s)的比值:

$$e = \frac{V_v}{V_s} \times 100\% \tag{4.9}$$

孔隙率与孔隙比之间的关系式为

$$n = \frac{e}{1+e} \tag{4.10}$$

4. 饱和度(S)

液体体积占据孔隙体积的百分比记为饱和度,表示孔隙被液体充满的程度,即

$$S = \frac{V_l}{V} \times 100\% \tag{4.11}$$

当土壤中的液体仅为单相水,土壤介质可以根据水的饱和度分为干土、饱和土、非饱

和土。

5. 渗透率(κ)

渗透率的定义来自于达西定律,表征了多孔介质在压力驱动下,通过多孔介质的流体流速与该方向上压力的梯度关系,即

$$u = -\frac{\kappa}{\mu}\frac{\partial p}{\partial x} \tag{4.12}$$

式中,$\frac{\partial p}{\partial x}$ 为流体流动方向上的压力梯度;κ 为渗透率;μ 为流体的动力学黏度;u 为流体在孔隙之间的流速。

4.2　多孔介质变形场作用影响分析

4.2.1　多孔介质颗粒排列方式的影响

在入口速度、多孔介质颗粒粒径均不变的情况下,可通过改变多孔介质的排列方式,讨论不同流体产生的影响,见表 4.1。

表 4.1　多孔介质不同排列方式下的工况参数

工况参数	排列方式	孔隙率	粒子直径 /mm	入口速度 /(m·s⁻¹)	流体物质
工况 1	直排	0.358	1	0.5	水
工况 2	错排				水 — 白油 32#

1. 工况 1:直排模拟模型

速度为入口,压力为出口,且出口表压为 $p=0$,模拟区域为 50 mm×11 mm,如图 4.1 所示,颗粒小球共 450 个,小球间距为 0.1 mm,边界处小球与模拟区域的左右边距为 0.3 mm,上下边距为 0.05 mm。采用三角形非结构网格,网格步长为 0.1 mm,网格总数为 18 821 个。

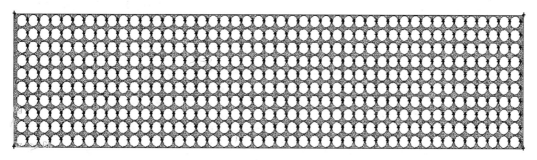

图 4.1　直排模拟网格划分模型

其中,模拟区域通过流体的种类、密度、动力黏度系数等物性参数见表 4.2。

表 4.2　模型流体物性参数

实验条件	工况参数
实验流体	水、水－白油 32#（体积比 2∶1）
水密度 $\rho/(kg \cdot m^{-3})$（20 ℃）	998.16
水密度 $\rho/(kg \cdot m^{-3})$（60 ℃）	983.2
白油 32# 密度 $\rho/(kg \cdot m^{-3})$（60 ℃）	840
水＋白油 32# 混合液体密度 $\rho/(kg \cdot m^{-3})$（60 ℃）	935.467
水动力黏度系数 $\mu/(kg \cdot m^{-1} \cdot s^{-1})$（20 ℃）	0.001 003
水动力黏度系数 $\mu/(kg \cdot m^{-1} \cdot s^{-1})$（60 ℃）	0.000 466
白油 32# 动力黏度系数 $\mu/(kg \cdot m^{-1} \cdot s^{-1})$（60 ℃）	0.02
混合液体动力黏度系数 $\mu/(kg \cdot m^{-1} \cdot s^{-1})$（60 ℃）	0.008 4

（1）流体物质采用单相水（20 ℃），流体物性参数见表 4.2，模拟设置选用压力基，绝对速度方程，稳态流，重力方向为 y 轴负向 9.8 m/s²，黏度模型选用标准 k－epsilon 模型，SIMPLE 压力－速度耦合方式，模拟结果如图 4.2～4.4 所示。轴线 $x=0$ mm 处进口压力平均值为 159 110.45 Pa。

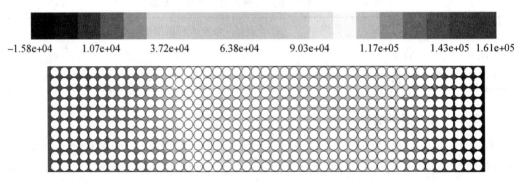

图 4.2　直排单相水模拟的压降云图（e＋0.4 表示×10^4，其他与此同）

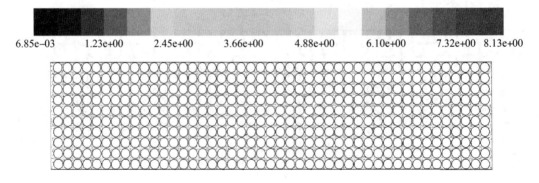

图 4.3　直排单相水模拟的速度矢量云图

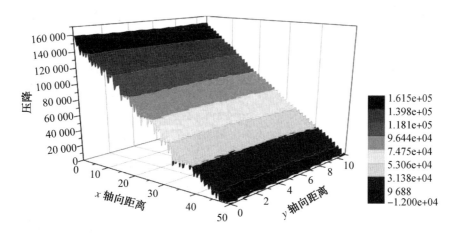

图 4.4　直排单相水模拟的压降变化图

流体在多孔介质内流动,由于多孔介质颗粒的阻碍作用和摩擦作用,当遇到多孔介质颗粒时,流体速度瞬间减小。待流体通过颗粒孔隙后,颗粒间孔隙缩小后的瞬间扩大使流体速度瞬间增大,流体在多孔介质内不断连续通过颗粒间的孔隙,使流体速度逐渐变大。

根据轴线 $y = 5.5$ mm 时模拟得到的压降与 x 轴距离的关系,拟合出有关压降与水平迁移距离的线性关系,拟合结果如图 4.5 所示。

拟合方程为 $y = 153\ 463.361\ 75 - 3\ 172.410\ 45x$,其中拟合度为 $R^2 = 0.992\ 84$。

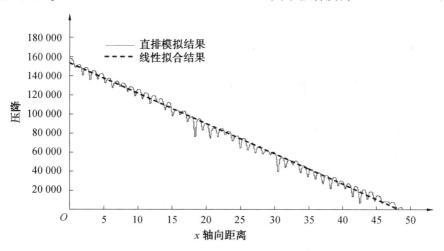

图 4.5　直排 $y = 5.5$ mm 轴线上单相水模拟的拟合结果

(2)流体物质采用水—白油 32# 混合液体(60 ℃),流体物性参数见表 4.2,模拟设置选用压力基,绝对速度方程,稳态流,重力方向为 y 轴负向 9.8 m/s²,黏度模型选用标准 k—epsilon模型,SIMPLE 压力—速度耦合方式,模拟结果如图 4.6~4.8 所示。轴线 $x = 0$ mm 处进口压力平均值为 38 147.73 Pa。

根据轴线 $y = 5.5$ mm 时模拟得到的压降与 x 轴距离的关系,拟合出有关压降与水平迁移距离的线性关系,拟合结果如图 4.9 所示。

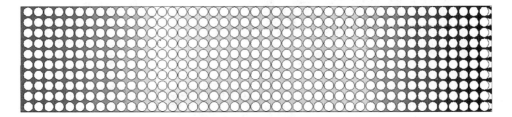

0.00e+00 3.85e+03 7.70e+03 1.16e+04 1.54e+04 1.93e+04 2.31e+04 2.70e+04 3.08e+04 3.47e+04 3.85e+04

图 4.6　直排水—白油 32# 模拟的压降云图

5.78e−05 6.74e−01 1.35e−00 2.02e+00 2.70e+00 3.37e+00 4.04e+00 4.72e+00 5.39e+00 6.07e+00 6.74e+00

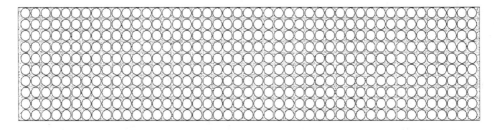

图 4.7　直排水—白油 32# 模拟的速度矢量云图

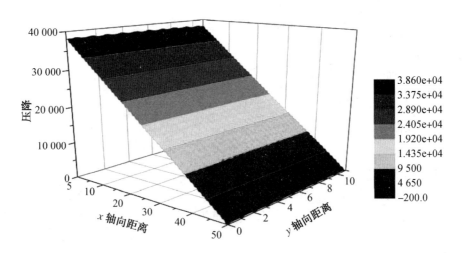

图 4.8　直排水—白油 32# 模拟的压降变化图

拟合方程为 $y = 38\ 052.882\ 82 - 760.953\ 85x$，其中拟合度为 $R^2 = 0.999\ 84$。

直排模拟多孔介质区域颗粒时，单相水在直排颗粒孔隙间流体为单相水在多孔介质区域内产生的压降大于流体为水—白油 32# 混合液体所产生的压降。

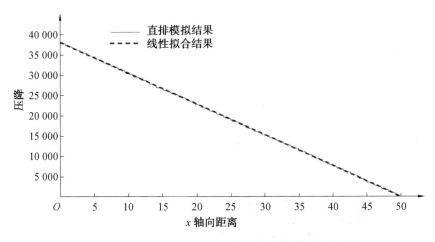

图 4.9　直排 $y=5.5$ mm 轴线上水-白油 $32^{\#}$ 模拟的拟合结果

2. 工况 2:错排模拟模型

速度入口,压力出口,且出口表压为 $p=0$,模拟区域为 50 mm×11 mm,如图 4.10 所示,颗粒小球共 450 个,小球间距为 0.1 mm,边界处小球与模拟区域的左右边距为 0.3 mm,上下边距为 0.05 mm,为保证工况孔隙率的一致性,错排边界按照半圆处理。采用三角形非结构网格,网格步长为 0.1 mm,网格总数为 47 560 个。

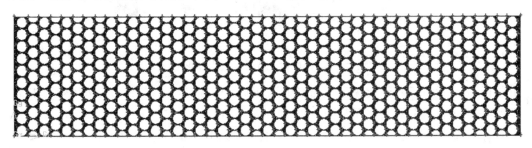

图 4.10　错排模拟网格划分模型

(1)流体物质采用单相水(20 ℃),模拟设置选用压力基,绝对速度方程,稳态流,重力方向为 y 轴负向 9.8 m/s^2,黏度模型选用标准 k-epsilon 模型,SIMPLE 压力-速度耦合方式,模拟结果如图 4.11～4.13 所示。轴线 $x=0$ mm 处进口压力平均值为 245 199.22 Pa。

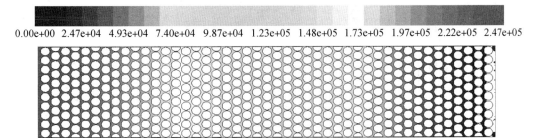

图 4.11　错排单相水模拟的压降云图

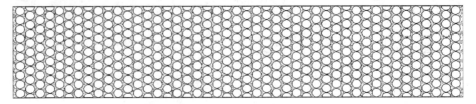

2.18e-03 6.61e-01 1.32e+00 1.98e+00 2.64e+00 3.30e+00 3.96e+00 4.62e+00 5.27e+00 5.93e+00 6.59e+00

图 4.12　错排单相水模拟的速度矢量云图

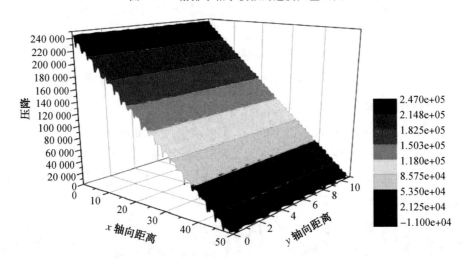

图 4.13　错排单相水模拟的压降变化图

　　根据轴线 $y=5.5$ mm 时模拟得到的压降与 x 轴距离的关系,拟合出有关压降与水平迁移距离的线性关系,拟合结果如图 4.14 所示。

　　拟合方程为 $y=241\ 875.968\ 79-4\ 927.154\ 07x$,其中拟合度为 $R^2=0.995\ 58$。

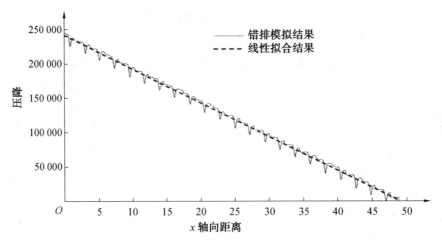

图 4.14　错排 $y=5.5$ mm 轴线上单相水模拟的拟合结果

(2)流体物质采用水—白油 32#(60 ℃),模拟设置选用压力基,绝对速度方程,稳态流,重力方向为 y 轴负向 9.8 m/s^2,黏度模型选用标准 k—epsilon 模型,SIMPLE 压力—速度耦合方式,结果如图 4.15～4.17 所示,轴线 $x=0$ mm 处进口压力平均值为 279 519.69 Pa。

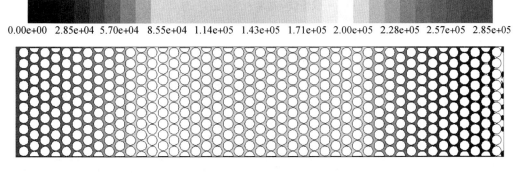

0.00e+00 2.85e+04 5.70e+04 8.55e+04 1.14e+05 1.43e+05 1.71e+05 2.00e+05 2.28e+05 2.57e+05 2.85e+05

图 4.15 错排水—白油 32# 模拟的压降云图

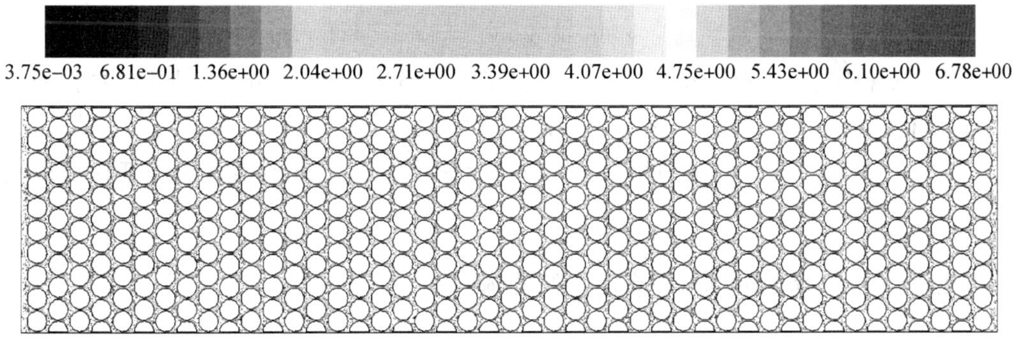

3.75e-03 6.81e-01 1.36e+00 2.04e+00 2.71e+00 3.39e+00 4.07e+00 4.75e+00 5.43e+00 6.10e+00 6.78e+00

图 4.16 错排水—白油 32# 模拟的速度矢量云图

300 000
250 000
200 000
150 000
100 000
50 000
0
压降
0
10
20
30
40
50
x 轴向距离
0
2
4
6
8
10
y 轴向距离
2.850e+05
2.483e+05
2.115e+05
1.748e+05
1.380e+05
1.013e+05
6.450e+04
2.775e+04
-9 000

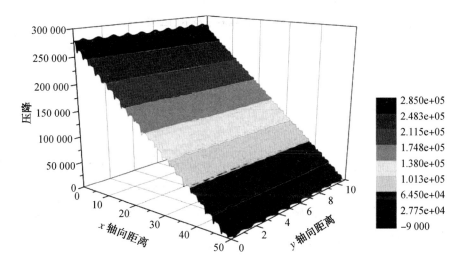

图 4.17 错排水—白油 32# 模拟的压降变化图

根据轴线 $y=5.5$ mm 时模拟得到的压降与 x 轴距离的关系,拟合出有关压降与水平迁移距离的线性关系,拟合结果如图 4.18 所示。

拟合方程为 $y=271\ 236.342\ 18-553\ 001\ 591x$,其中拟合度为 $R^2=0.996\ 67$。

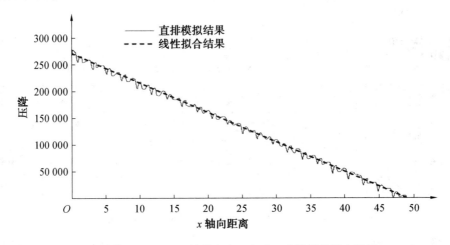

图 4.18　错排 $y=5.5$ mm 轴线上水－白油 $32^{\#}$ 模拟的拟合结果

流体物质相同、颗粒粒径相同时,在多孔介质区域轴线 $x=0$ mm 处,错排颗粒排列方式时的进口压力平均值为 245 199.22 Pa,直排颗粒排列方式时的进口压力平均值为 159 110.45 Pa,所以,错排粒子的排列方式所产生的压降较大,流体在多孔介质区域内流动时获得较大的运动阻力。

4.2.2　多孔介质颗粒粒径大小的影响

在入口速度、多孔介质颗粒排列方式均不变的情况下,可通过改变多孔介质颗粒粒径,讨论不同流体产生的影响,见表 4.3。

表 4.3　不同多孔介质颗粒粒径下的工况参数

工况参数	排列方式	孔隙率	粒子直径/mm	入口速度/(m·s⁻¹)	流体物质
工况 3	直排	0.358	1	0.5	水
工况 4			2.5		水－白油 $32^{\#}$

1. 工况 3:直排模拟模型

结合表 4.1 工况 1 的模拟工况参数,确定工况 3 与工况 1 具有相同的模拟情况,网格划分如图 4.1 所示,模型流体的物性参数见表 4.3,流体物质采用单相水(20 ℃)时的模拟结果如图 4.2～4.5 所示,流体物质采用水－白油 $32^{\#}$ 混合液体(60 ℃)时的模拟结果如图 4.6～4.9 所示。

2. 工况 4:直排模拟模型

速度入口,压力出口,且出口表压为 $p=0$,模拟区域为 50 mm×11 mm,如图 4.19 所

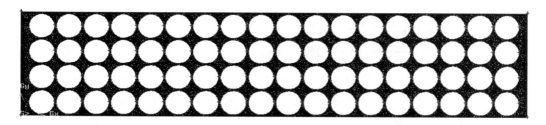

图 4.19 直排模拟网格划分模型（$D=2.5$ mm）

示，小球粒径为 2.5 mm，颗粒小球共 72 个，小球间距为 0.2 mm，边界处小球与模拟区域的左右边距为 0.8 mm，上下边距为 0.2 mm。采用三角形非结构网格，网格步长为 0.1 mm，网格总数为 44 998 个。

（1）流体物质采用单相水（20 ℃），模拟设置选用压力基，绝对速度方程，稳态流，重力方向为 y 轴负向 9.8 m/s^2，黏度模型选用标准 k-epsilon 模型，SIMPLE 压力-速度耦合方式，模拟结果如图 4.20～4.22 所示。轴线 $x=0$ mm 处进口压力平均值为 36 353.789 Pa。

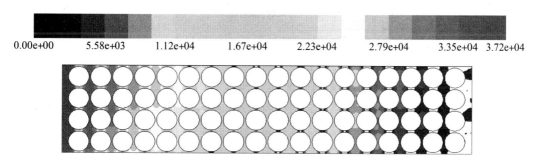

图 4.20 直排单相水模拟的压降云图（$D=2.5$ mm）

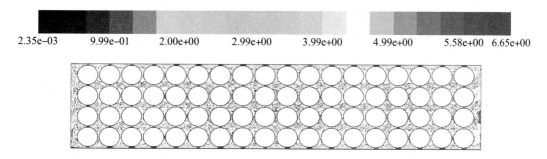

图 4.21 直排单相水模拟的速度矢量云图（$D=2.5$ mm）

根据轴线 $y=5.5$ mm 时模拟得到的压降与 x 轴距离的关系，拟合出有关压降与水平迁移距离的线性关系，拟合结果如图 4.23 所示。

拟合方程为 $y=331\ 303.893\ 76-706.888x$，其中拟合度为 $R^2=0.857\ 25$。

（2）流体物质为水-白油 32$^{\#}$（60 ℃），模拟设置选用压力基，绝对速度方程，稳态流，重力方向为 y 轴负向 9.8 m/s^2，黏度模型选用标准 k-epsilon 模型，SIMPLE 压力-速

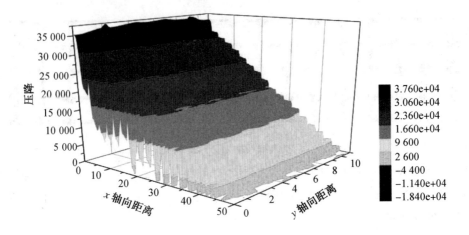

图 4.22 直排单相水模拟的压降变化图($D=2.5$ mm)

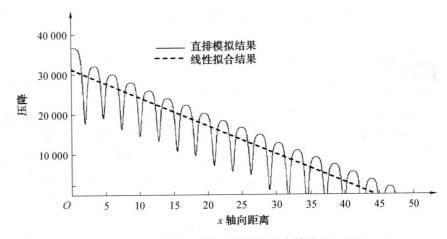

图 4.23 直排 $y=5.5$ mm 轴线上单相水模拟的拟合结果($D=2.5$ mm)

度耦合方式,模拟结果如图 4.24～4.26 所示。轴线 $x=0$ mm 处进口压力平均值为 29 518.537 Pa。

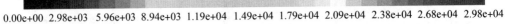

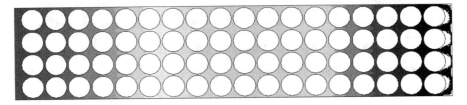

图 4.24 直排水—白油 32# 模拟的压降云图($D=2.5$ mm)

5.26e-04　6.54e-01　1.31e+00　1.96e+00　2.61e+00　3.27e+00　3.92e+00　4.57e+00　5.23e+00　5.88e+00　6.53e+00

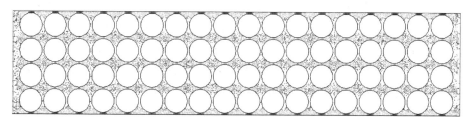

图 4.25　直排水－白油 32# 模拟的速度矢量云图（$D=2.5$ mm）

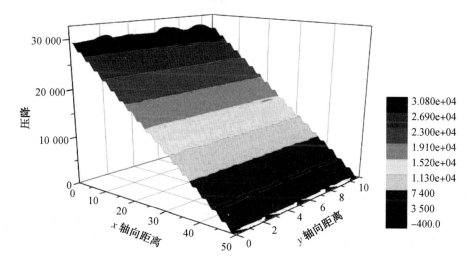

图 4.26　直排水－白油 32# 模拟的压降变化图（$D=2.5$ mm）

根据当轴线 $y=5.5$ mm 时,模拟得到的压降与 x 轴距离的关系,拟合出有关压降与水平迁移距离的线性关系,拟合结果如图 4.27 所示。

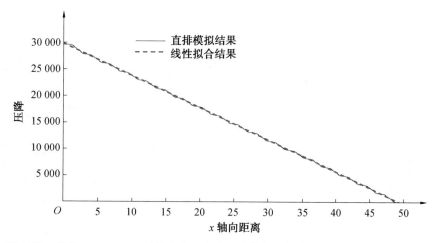

图 4.27　直排 $y=5.5$ mm 轴线上水－白油 32# 模拟的拟合结果（$D=2.5$ mm）

拟合方程为 $y=29\,848.623\,64-605.026\,44x$，其中拟合度为 $R^2=0.999\,7$。

模拟流体为单相水时，直排颗粒粒径为 1 mm 时的轴线 $x=0$ mm 处进口压力平均值为 159 110.45 Pa；直排颗粒粒径为 2.5 mm 时，轴线 $x=0$ mm 处进口压力平均值为 36 353.789 Pa。模拟流体为水－白油 32$^\#$ 混合流体时，直排颗粒粒径为 1 mm 时的轴线 $x=0$ mm 处进口压力平均值为 38 147.73 Pa；直排颗粒粒径为 2.5 mm 时，轴线 $x=0$ mm 处进口压力平均值为 29 518.537 Pa。通过比较图 4.5 和图 4.9 及图 4.23 和图 4.27 得到，单相水在多孔介质区域内流动时，在中心轴线 $y=5.5$ mm 上产生的压降波动范围较大。

4.2.3　多孔介质区域流体速度的影响

在多孔介质颗粒粒径、颗粒排列方式均不变的情况下，可通过改变多孔介质的流体速度，讨论不同流体产生的影响。不同多孔介质流体速度影响下的工况参数见表 4.4。

表 4.4　不同多孔介质流体速度影响下的工况参数

工况参数	排列方式	孔隙率	粒子直径/mm	入口速度/(m·s^{-1})	流体物质
工况 5	错排	0.358	1	0.5	水
工况 6				1	水－白油 32$^\#$

1. 工况 5：错排模拟模型

结合表 4.1 工况 2 的模拟工况参数，确定工况 5 与工况 2 具有相同模拟情况。流体采用单相水（20 ℃）时的模拟结果如图 4.11～4.13 所示，流体采用水－白油 32$^\#$ 混合液体（60 ℃）时模拟结果如 4.15～4.17 所示。

2. 工况 6：错排模拟模型

速度入口，入口速度 $v=1$ m/s，压力出口，且出口表压为 $p=0$，其他模型参数及模拟区域和网格划分情况同工况 5 设置条件。

（1）流体物质采用单相水（20 ℃），流体物性参数见表 4.2，模拟设置选用压力基，绝对速度方程，稳态流，重力方向为 y 轴负向 9.8 m/s^2，黏度模型选用标准 k－epsilon 模型，SIMPLE 压力－速度耦合方式，模拟结果如图 4.28～4.30 所示。当入口速度 $v=1$ m/s 时，轴线 $x=0$ mm 处进口压降平均值为 974 703.8 Pa。

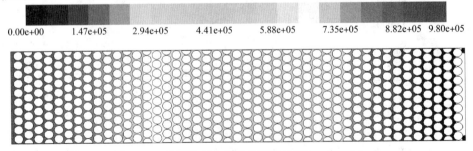

图 4.28　错排单相水模拟的压降云图（$v=1$ m/s）

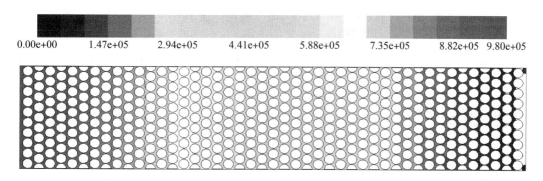

图 4.29　错排单相水模拟的速度矢量云图($v=1$ m/s)

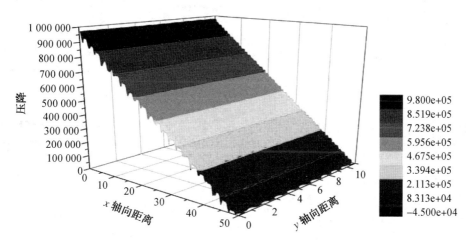

图 4.30　错排单相水模拟的压降变化图($v=1$ m/s)

根据轴线 $y=5.5$ mm 时,模拟得到的压降与 x 轴距离的关系,拟合出有关压降与水平迁移距离的线性关系,拟合结果如图 4.31 所示。

拟合方程为 $y=962\ 793.123\ 42-19\ 611.489\ 12x$,其中拟合度为 $R^2=0.995\ 54$。

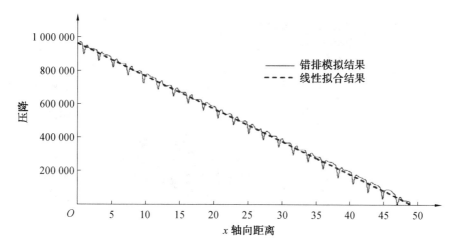

图 4.31　错排 $y=5.5$ mm 轴线上单相水模拟的拟合结果($v=1$ m/s)

（2）流体采用水—白油 32[#]（60 ℃），模拟设置选用压力基，绝对速度方程，稳态流，重力方向为 y 轴负向 9.8 m/s²，黏度模型选用标准 k—epsilon 模型，SIMPLE 压力—速度耦合方式，模拟结果如图 4.32～4.34 所示。轴线 $x=0$ mm 处进口压力平均值为409 105.88 Pa。

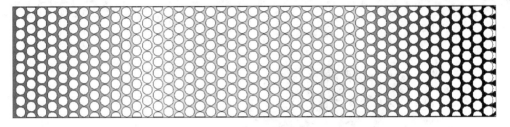

0.00e+00 4.20e+04 8.39e+04 1.26e+05 1.68e+05 2.10e+05 2.52e+05 2.94e+05 3.36e+05 3.78e+05 4.20e+05

图 4.32　错排水—白油 32[#] 模拟的压降云图（$v=1$ m/s）

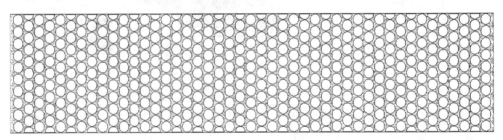

1.56e−02 1.48e+00 2.95e+00 4.41e+00 5.87e+00 7.34e+00 8.80e+00 1.03e+01 1.17e+01 1.32e+01 1.47e+01

图 4.33　错排水—白油 32[#] 模拟的速度矢量云图（$v=1$ m/s）

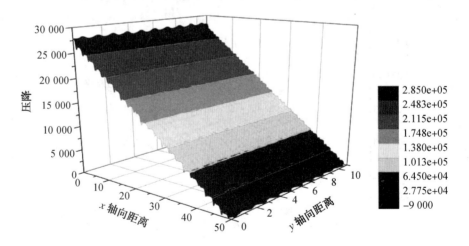

图 4.34　错排水—白油 32[#] 模拟的压降变化图（$v=1$ m/s）

根据轴线 $y=5.5$ mm 时模拟得到的压降与 x 轴距离的关系,拟合出有关压降与水平迁移距离的线性关系,拟合结果如图 4.35 所示。

拟合方程为 $y=39\,872.707\,58-8\,028.362\,5x$,其中拟合度为 $R^2=0.999\,85$。

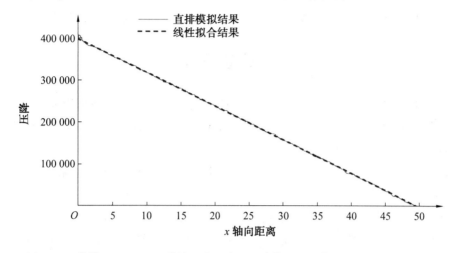

图 4.35　错排 $y=5.5$ mm 轴线上水－白油 $32^{\#}$ 模拟的拟合结果($v=1$ m/s)

模拟流体为单相水时,颗粒错排排列,入口速度为 0.5 m/s 时,轴线 $x=0$ mm 处进口压力平均值为 245 199.22 Pa;入口速度为 1 m/s 时,轴线 $x=0$ mm 处进口压力平均值为 974 703.8 Pa。模拟流体为水－白油 $32^{\#}$ 混合流体时,颗粒错排排列,入口速度为 0.5 m/s 时,轴线 $x=0$ mm 处进口压力平均值为 279 519.69 Pa;入口速度为 1 m/s 时,轴线 $x=0$ mm 处进口压力平均值为 409 105.88 Pa。由此可见,当排列方式和颗粒粒径相同时,入口流体速度大的工况条件具有较大的压降。通过比较图 4.14 和图 4.18 及图 4.31 和图 4.35 得到,单相水在多孔介质区域内流动时,在中心轴线 $y=5.5$ mm 上产生的压降波动范围较大。

4.3　本章小结

本章通过介绍多孔介质污染物迁移的基本特性,使读者了解多孔介质的基本概念和主要特点。通过介绍多孔介质的模型,分析流体在多孔介质区域内受到的阻力作用为增加的动量守恒方程源项,且该动量源项由黏性损失项和惯性损失项组成。

通过对多孔介质变形场作用的影响分析,分别模拟讨论了当流体物质为单相水及水－白油 $32^{\#}$ 混合液体时,多孔介质颗粒排列方式、粒径大小、流体入口速度等产生的影响变化情况,得到以下结论:当流体物质相同、颗粒粒径相同时,错排粒子的排列方式所产生的压降较大,流体在多孔介质区域内流动时获得较大的运动阻力;当多孔介质区域颗粒排列方式相同、流体速度相同时,颗粒粒径小,颗粒相对表面积较大,流体通过多孔介质时受到的阻力作用相对较大,流体在区域内产生的压降相对较大;当多孔介质颗粒排列方式相同、颗粒粒径相同时，流体入口速度较小的工况产生了相对较小的压降，流体入口速度较大的工况具有较大的压降。通过比较相同颗粒粒径、相同流体入口速度、相同颗粒排列方式的条件下，不同流体中心轴线 $y=5.5\text{ mm}$ 上产生的压降变化情况，得到单相水在多孔介质区域内流动时，在中心轴线 $y=5.5\text{ mm}$ 上产生的压降波动范围较大。

本章参考文献

[1] BEAR J. 地下水水力学[M]. 许绢铭,李峻亭,译. 北京:地质出版社,1986.

[2] FLETCHER C A J. Computational techniques for fluid dynamics[J]. Springer Verlag,2000(2):157-159.

[3] 薛强,梁冰,冯夏庭,等. 石油污染物在地下环境系统中运移的多相流模型研究[D]. 阜新:辽宁工程技术大学,2003.

[4] 王洪涛. 多孔介质污染物迁移动力学[M]. 北京:高等教育出版社,2008.

[5] 符泽第. 埋地成品油管道小孔泄漏扩散的数值仿真模拟[D]. 北京:北京交通大学,2014.

[6] 王丽. 轻非水相液体(油品)污染土壤多相流实验研究[D]. 西安:长安大学,2009.

[7] 高向阳. 土力学[M]. 北京:北京大学出版社,2010.

[9] BEAR J. 多孔介质流体动力学[M]. 李竟生,陈崇希,译. 北京:中国建筑工业出版社,1982.

第 5 章　基于格子 Boltzmann 方法的泄漏污染物介观迁移模型

在格子 Boltzmann 方法理论基础上,本章建立了埋地输油管道泄漏污染物迁移的一维模型和二维模型,采用 D1Q3、D2Q9 模型分别分析了泄漏污染物单相和多相的迁移情况。采用不同方法构造土壤类多孔介质,并对比其构造多孔介质的差异性。通过单相流和多相流模型分析土壤中泄漏污染物迁移过程,探讨单相流体和油水多相流体在多孔介质中的迁移特性。

5.1　泄漏污染物迁移一维模型

采用 LBM 一维模型研究埋地输油管道泄漏污染物迁移,并将其继续扩展为二维和三维模型进行分析,为泄漏污染物迁移研究提供理论基础。埋地输油管道泄漏过程可以看作有源污染物扩散过程,其一维有源扩散方程为

$$\frac{\partial u}{\partial t} - \upsilon \frac{\partial^2 u}{\partial x^2} = q(x) \tag{5.1}$$

式中,u 为粒子迁移速度;$q(x)$ 为扩散源项。

假定泄漏污染物扩散源项满足 $q(x) = \mathrm{e}^{-\pi^2 t} \sin(\pi x/l)$,则式(5.1)变为

$$\frac{\partial u}{\partial t} - \upsilon \frac{\partial^2 u}{\partial x^2} = \mathrm{e}^{-\pi^2 t} \sin(\pi x/l) \tag{5.2}$$

5.1.1　运用 LBM 多尺度技术求解平衡态分布方程

基于格子 Boltzmann 方法,采用 D1Q3 模型求解式(5.2)。将一维空间均匀等分,其中速度配置 $e[k] = [-1, 0, 1]$,分别表示污染物粒子向左、不动、向右三种情况,并且满足

$$\sum_{\alpha=-1}^{1} e_\alpha = \sum_{\alpha=-1}^{1} e_\alpha^3 = 0; \quad \sum_{\alpha=-1}^{1} e_\alpha^2 = \sum_{\alpha=-1}^{1} e_\alpha^4 = 2$$

由第 2 章理论知识可知,分布函数的弛豫形式 Boltzmann 方程可演化为

$$f(x+e_\alpha, e_\alpha, t) - f(x, e_\alpha, t) = -\frac{1}{\tau}(f(x, e_\alpha, t) - f^{(0)}(x, e_\alpha, t)) + q_\alpha(x, t) \tag{5.3}$$

式中,$f^{(0)}(x, e_\alpha, t)$ 为平衡态分布函数,下文简写为 $f_\alpha(x, t)$ 或者 f_α,其中方程(5.3)中的弛豫时间 $\tau \geqslant 0.5$。

将弛豫形式 Boltzann 方程式(5.3)左边在 (x, t) 处按照 Taylor 级数展开二级项:

$$\partial_t f_\alpha + c e_\alpha \partial_x f_\alpha + \frac{\Delta t}{2} \partial_t^2 f_\alpha + \Delta t c e_\alpha \partial_t \partial_x f_\alpha + \frac{1}{2} \Delta t c^2 \partial_x^2 f_\alpha = -\frac{1}{\tau \Delta t}(f_\alpha - f_\alpha^{(0)}) + q_\alpha$$

$$\tag{5.4}$$

采用多尺度技术推导：

$$\partial_t = \varepsilon \partial_{t1} + \varepsilon^2 \partial_{t2} + \cdots \tag{5.5}$$

$$\partial x = \varepsilon \partial_{1x} \tag{5.6}$$

$$f_\alpha = f_\alpha^{(0)} + \varepsilon f_\alpha^{(1)} + \varepsilon^2 f_\alpha^{(2)} + \cdots \tag{5.7}$$

$$q_\alpha(x) = \varepsilon^2 q_\alpha^{(2)} \tag{5.8}$$

将式(5.5)~(5.8)代入式(5.4)，求出一阶和二阶参数 ε 下的函数方程

$$\partial_{t1} f_\alpha^{(0)} + c e_\alpha \partial_{1x} f_\alpha^{(0)} = -\frac{1}{\tau \Delta t} f_\alpha^{(1)} \tag{5.9}$$

$$\partial_{t2} f_\alpha^{(0)} + (1 - \frac{1}{2\tau})(\partial_{t1} f_\alpha^{(1)} + c e_\alpha \partial_{1x} f_\alpha^{(1)}) = -\frac{1}{\tau \Delta t} f_\alpha^{(2)} + q_\alpha^{(2)} \tag{5.10}$$

由物理统计可知，$u = \sum\limits_\alpha f_\alpha$ 是局部平衡量，满足

$$\sum_\alpha f_\alpha^{(i)} = 0 (i > 1) u = \sum_\alpha f_\alpha^{(0)} \tag{5.11}$$

利用式(5.9)和式(5.11)计算出

$$\partial_{t1} \sum_\alpha f_\alpha^{(0)} + \partial_{1x} c \sum_\alpha e_\alpha f_\alpha^{(0)} = 0 \tag{5.12}$$

将式(5.11)代入式(5.12)可推导出守恒方程

$$\partial_{t1} u + \partial_{1x} c \sum_\alpha e_\alpha f_\alpha^{(0)} = 0 \tag{5.13}$$

将式(5.10)求和推导可得出

$$\partial_{t2} u + (1 - \frac{1}{2\tau}) \partial_{1x} c \sum_\alpha e_\alpha f_\alpha^{(1)} = \sum_\alpha q_\alpha^{(2)} \tag{5.14}$$

通过 Chapman−Enskog(CE) 展开平衡分布函数，可得

$$\begin{aligned} f_\alpha^{(0)} &= m_1 u + m_2 e_\alpha u^2 + m_3 e_\alpha^2 u^3, \quad \alpha = -1, 1 \\ f_0^{(0)} &= m_{10} u + m_{30} u^3, \quad \alpha = 0 \end{aligned} \tag{5.15}$$

得出：$m_1 = \dfrac{v}{2\tau - 1}$，$m_2 = -\dfrac{1}{4}$，$m_3 = \dfrac{1}{6}$，$m_{10} = 1 - \dfrac{\nu}{2\tau - 1}$，$m_{30} = -\dfrac{1}{3}$，代入式(5.15)，最终得出平衡分布函数

$$\begin{aligned} f_\alpha^{(0)} &= \frac{\nu}{2\tau - 1} u - \frac{1}{4} e_\alpha u^2 + \frac{1}{6} e_\alpha^2 u^3, \quad \alpha = -1, 1 \\ f_0^{(0)} &= (1 - \frac{2\nu}{2\tau - 1}) u - \frac{1}{3} u^3, \quad \alpha = 0 \end{aligned} \tag{5.16}$$

5.1.2　模型验证及结论

埋地输油管道泄漏污染物迁移计算一维模型和边界条件满足

$$\begin{cases} \dfrac{\partial u}{\partial t} - \upsilon \dfrac{\partial^2 u}{\partial x^2} = e^{-\pi^2 t} \sin(\pi x / l) \\ u(0, t) = u(l, t) = 0 \\ u(x, 0) = 0 \end{cases} \tag{5.17}$$

该问题的精确解为 $u = t e^{-\pi^2 t} \sin(\pi x / l)$。

基于 LBM 模拟埋地输油管道泄漏污染物一维迁移时采用泄漏时刻 $t = 0.24$ 的计算数据,网格划分为 10 段,坐标量纲为 1,计算结果如图 5.1 和表 5.1 所示,其中绝对误差 $\varepsilon = |$解析解 $-$ LBM 模拟解$|$,相对误差 $s = \left| \dfrac{绝对误差 \varepsilon}{数值解析解} \right|$。

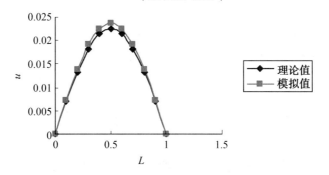

图 5.1　理论值与模拟值对比($t = 0.24$)

表 5.1　解析解与 LBM 数值模拟对比

X(量纲 1)	解析解 u	LBM 模拟解 u	绝对误差 ε	相对误差 s
0	0	0	0	0
0.1	0.006 955 172	0.006 995	4.03×10^{-5}	0.005 788 1
0.2	0.013 230 209	0.013 335	0.000 105	0.007 913 1
0.3	0.018 211 482	0.018 367	0.000 155	0.008 528 6
0.4	0.021 411 880	0.021 598	0.000 186	0.008 687 7
0.5	0.022 518 442	0.022 711	0.000 193	0.008 564 5
0.6	0.021 422 957	0.021 598	0.000 175	0.008 166 1
0.7	0.018 232 553	0.018 367	0.000 134	0.007 363 1
0.8	0.013 259 213	0.013 335	7.57×10^{-5}	0.005 708 2
0.9	0.006 989 274	0.006 995	6.16×10^{-6}	0.000 880 8
1	3.59×10^{-5}	0	3.59×10^{-5}	

由图 5.1 和表 5.1 可以看出,采用 LBM 方法提到的模拟结果与理论值基本一致。

同时还基于 LBM 分析了 $t = 0.15$ 和 $t = 0.3$ 时刻的污染物泄漏迁移速率,与理论解对比计算如图 5.2 所示。

通过图 5.2 可见,Boltzmann 方法模拟管道泄漏污染物一维迁移时,不同时刻的模拟值与理论解误差很小,从而说明该方法可模拟管道泄漏污染物一维迁移过程。

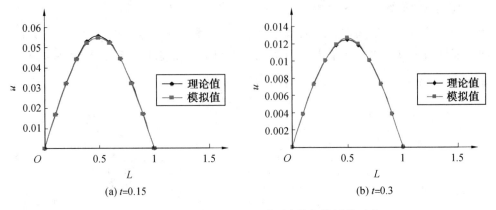

(a) $t=0.15$ (b) $t=0.3$

图 5.2 $t=0.15$ 和 $t=0.3$ 时理论值与模拟值对比

5.2 泄漏污染物迁移二维模型

5.2.1 单相模型

本节中的管道泄漏污染物单相迁移计算采用耦合格子 BGK(Coupled Lattice BGK, CLBGK)模型,该模型在模拟速度场时有效地克服了可压缩效应,具有良好的数值稳定性,其中基于密度分布函数描述速度场,基于温度分布函数描述温度场。通过引入 Boussinesq 假设近似实现速度场和温度场耦合,其基本思路是在速度场的演化方程后面添加一个与温差有关的外力项。

对于管道泄漏污染物单相二维迁移问题,使用四个离散速度模拟其温度场分布,基本的格子 Boltzmann—BGK 方程在第 2 章式(2.12)中已经提到。

多数不可压缩模型有一个共同特点:$\sum f_\alpha^{eq} \neq \text{const}$,根据这些模型导出的方程一般不能满足不可压缩条件,在不可压缩 Navier—Stokes 方程组中的密度应是常数,但在 D2Q9 模型中无法满足。因此,在模拟中通常采用压力梯度来驱动流体运动,但是在 LBM 基本模型中压力并不是独立存在的变量,只能通过分布函数变化、密度变化来获取压力梯度。为使压力分布函数满足 $\sum f_\alpha^{eq} = \text{const}$,并且使其成为其中一个独立变量,管道泄漏污染物单相迁移模拟时采用 D2G9 模型,但其离散速度仍采用 D2Q9 模型描述,其平衡态分布函数满足

$$f_\alpha^{eq} = \begin{cases} \rho_0 - 4d_0 \dfrac{p}{c^2} + \rho_0 s_0(u) & (\alpha=0) \\[2mm] d_1 \dfrac{p}{c^2} + \rho_0 s_\alpha(u) & (\alpha=1,2,3,4) \\[2mm] d_2 \dfrac{p}{c^2} + \rho_0 s_\alpha(u) & (\alpha=5,6,7,8) \end{cases} \tag{5.18}$$

式中，$S_a(u) = \omega_a \left[\dfrac{e_a \cdot u}{c_S^2} + \dfrac{(e_a \cdot u)^2}{2c_S^4} - \dfrac{u^2}{2c_S^2} \right]$；$d_0, d_1, d_2$ 为模型的基本参数，满足

$$\begin{cases} d_1 + d_2 = d_0 \\ d_1 + 2d_2 = \dfrac{1}{2} \end{cases} \tag{5.19}$$

在管道泄漏污染物单相迁移模拟中，假定 $d_0 = 5/12, d_1 = 1/3, d_2 = 1/12$。

根据平衡态分布函数定义，可知：

$$\sum f_a^{eq} = \rho_0 \tag{5.20}$$

$$\sum_a e_a f_a^{eq} = \rho_0 u \tag{5.21}$$

$$\sum_a e_{ai} e_{aj} f_a^{eq} = \rho_0 u_i u_j + p\delta_{ij} \tag{5.22}$$

$$\sum_a e_{ai} e_{aj} e_{ak} f_a^{eq} = \rho_0 c_S^2 (\delta_{ij} u_k + \delta_{ik} u_j + \delta_{jk} u_i) \tag{5.23}$$

模型中的宏观压力满足

$$p = \rho_0 \frac{c^2}{4d_0} \left[\sum_{a \neq 0} f_a + s_0(u) \right] \tag{5.24}$$

利用 Boussinesq 假设处理流体流动计算方程，一般采用耦合双分布函数模型，但其假设条件满足：① 忽略流动黏性热耗散；② 除密度外其他物性为常数；③ 对密度仅考虑动量方程中与体积力有关的项，其余各项中的密度亦作为常数，体积项中的密度为 $\rho = \rho_0[1 - \beta(T - T_0)]$，其中，$f_a$ 为与 T_0 相对应的流体密度，β 为热膨胀系数，T_0 为参考温度。从而，可以确定 Boussinesq 假设的流体宏观运动方程（组）满足

$$\nabla \cdot u = 0 \tag{5.25}$$

$$\frac{\partial u}{\partial t} + \nabla \cdot (uu) = -\frac{\nabla p}{\rho_0} + v \nabla^2 u - g\beta(T - T_0) \tag{5.26}$$

$$\frac{\partial T}{\partial t} + \nabla \cdot (uT) = \nabla \cdot (\chi \nabla T) \tag{5.27}$$

针对流体宏观运动方程式(2.13)，引入基于 Boussinesq 假设，获得了 CLBGK 模型。其中，该模型速度场与 D2G9 模型相同，因此可引入一个温度分布函数求解温度场，并基于温度分布函数的演化获得温度分布，其演化方程为

$$T_a(r + e_\varepsilon \delta_t, t + \delta_t) - T_a(r, t) = -\frac{1}{\tau_T} \left[T_a(r, t) - T_a^{eq}(r, t) \right] \tag{5.28}$$

式中，$a = 1, 2, 3, 4$。

使用 4 个离散速度求解模型的温度分布函数，即 D2G9 模型中 4 个格线长度为单位 1 的离散速度，其平衡态分布函数为

$$T_a^{eq} = \frac{T}{4} \left(1 + 2\frac{e_a \cdot u}{c^2}\right) \tag{5.29}$$

因此，可由温度分布函数推导出其宏观温度分布，其满足

$$T = \sum_{a=1}^{4} T_a \tag{5.30}$$

在 D2G9 模型的温度场和速度场耦合中引入外力项

$$F_a = \frac{1}{2c}(\delta_{a2} + \delta_{a4})e_a \cdot G \tag{5.31}$$

式中，有效外力 $G = -\beta(T - T_0)g$。

f_a 的演化方程可变为

$$f_a(\boldsymbol{r} + e_\varepsilon \delta_t, t + \delta_t) - f_a(\boldsymbol{r}, t) = -\frac{1}{\tau_f}[f_a(\boldsymbol{r}, t) - f_a^{eq}(\boldsymbol{r}, t)] + \delta_t F_a \tag{5.32}$$

运动黏度系数 ν 和热扩散系数 χ 分别为

$$\nu = \frac{1}{3}c^2(\tau_f - \frac{1}{2})\delta_t \tag{5.33}$$

$$\chi = \frac{1}{2}c^2(\tau_T - \frac{1}{2})\delta_t \tag{5.34}$$

5.2.2 单相流算例分析

通过压差驱动二维平板间流体流动与换热算例验证上述模型和求解方法的正确性，可为后文的泄漏污染物迁移模拟提供理论依据。

如图 5.3 所示，在压差驱动下，不可压缩流体在二维通道内沿 x 方向流动，这种流动称为 Poiseuille 流。x 方向上，通道长为 L_x，进口给定压力 p_{in} 和温度 T_{in}；温度在出口充分发展，并给定压力 p_{out}；进出口压差 $\Delta p = p_{in} - p_{out}$。$y$ 方向上，通道上下为相距 L_y 的平板，平板温度为 T_w，且 $T_w < T_{in}$。当流动到达稳定后，压力和速度的解析解为：

$$\Delta p(x, y)/\Delta p = (p(x) - p_{out})/\Delta p = 1 - x/L_x \tag{5.35}$$

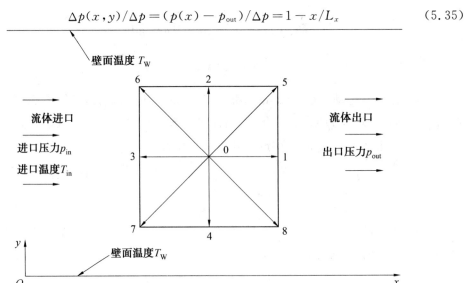

图 5.3 压差驱动的二维平板流示意图

$$\begin{cases} u(x,y)/u_{\max} = \dfrac{1}{2}\,\dfrac{\Delta pL_y^2}{\nu L_x}\left(\dfrac{y}{L_y} - \dfrac{y^2}{L_y^2}\right)\Big/u_{\max} \\ \nu(x,y) = 0 \end{cases} \tag{5.36}$$

式中，$u_{\max}$ 为通道中线上的最大速度，$u_{\max} = -\Delta pL_y^2/(8\nu L_x)$。

模拟中采用均匀网格，网格数为 $N_x \times N_y = 200 \times 50$，运动黏度系数为 $\nu = 1.0$，Pr 数为 0.71，密度和温度分布函数的无量纲松弛时间分别为 0.680 和 0.669。进口的物理条件已知，进口和出口边界均采用压力条件，采用非平衡态外推格式，上下壁面无滑移，采用非平衡态外推格式。通过数值模拟，可以得出对应的速度场和温度场。如图 5.4～5.6 所示为模拟 8 000 步时的温度场和速度场。

由图 5.4 的温度场可以看出，高温流体从进口到出口之间温度逐渐降低，并且呈现规则的抛物线状进行热交换，最终达到跟低温壁面一样的温度。

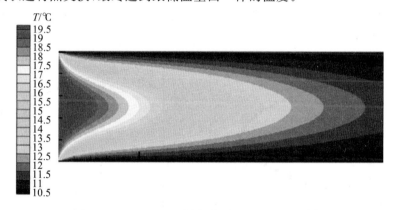

图 5.4　$t = 8\,000$ s 时刻平板 Poiseuille 流温度场

由图 5.5 可以看出，流体的水平速度指向 x 方向呈现对称状，速度大小与 x 轴无关，只与 y 轴分布有关。水平中间速度最大，向两侧速度逐渐减小，水平速度最大值为 0.093 6 格子单位，最小值为 0.005 格子单位。水平速度理论最大值为 0.093 75，相对误差为 0.15%，一致性良好。

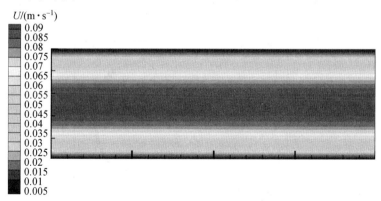

图 5.5　$t = 8\,000$ s 时刻平板 Poiseuille 流水平速度分布

由图 5.6 可以看出，流体在 y 方向上的速度极小，最大仅有 2.5×10^{-7}，基本可以忽略。这与理论上的预测是一致的。

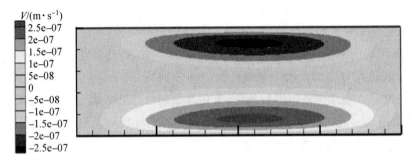

图 5.6　$T = 8\,000$ 时刻平板 Poiseuille 流竖直速度分布

如图 5.7 所示为切面 $x/L_x = 0.02$ 截面上的速度随 y 轴格子变化的曲线图和该切面上速度分布的理论解析解。经计算得出的误差非常小，误差最大处为 0.166%，模拟效果与解析解吻合良好。

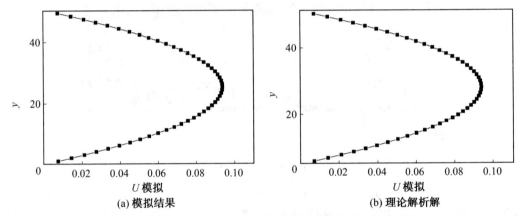

(a) 模拟结果　　　　　　　　　　　　　　　　(b) 理论解析解

图 5.7　$x/L_x = 0.02$ 截面上的数值模拟速度与理论速度对比

如图 5.8 所示为切面 $x/L_x = 0.02$ 截面上的温度随 y 轴格子变化的曲线图。由图可见，温度在 y 方向上呈抛物线分布。流体受壁面的影响加强，壁面附近的流体温度梯度逐渐减小。

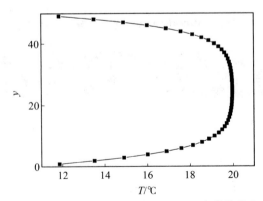

图 5.8　切面 $x/L_x = 0.02$ 截面上的温度数值分布

5.3　土壤类多孔介质构造方法

在研究埋地输油管道泄漏污染物迁移中,土壤是一种多孔多相的介质,固体骨架由土壤的颗粒联结而成,其中孔隙填充有气体和液体,例如水和空气。其固体的比表面积很大,对多孔介质的吸附、过滤、传热和扩散等过程有重要影响。根据其中水分是否充满孔隙,一般划分为饱和土壤与非饱和土壤,其饱和度介于 0 到 1 之间,一般研究的都是非饱和土壤。多孔介质中的孔隙有的是连通的,有的是封闭的,把连通的孔隙称为有效孔隙,在流体流动过程中,流体只能通过绝大部分固体骨架联结成有效孔隙,有效孔隙影响多孔介质的特性,并且影响流体在多孔介质中的流动迁移状况,这也是研究流体流动的关键因素,为简化计算过程本书将土壤均视为各向同性的多孔介质。

由于土壤骨架的影响,流体在土壤多孔介质内的流动要比单孔隙内的驱替过程复杂。土壤类多孔介质内流体流动是一种典型的多尺度问题,其研究涉及三个尺度:宏观尺度、表征体元尺度和孔隙尺度,如图 5.9 所示。

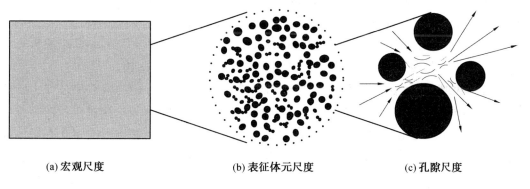

(a) 宏观尺度　　　　　(b) 表征体元尺度　　　　　(c) 孔隙尺度

图 5.9　多孔介质的三个尺度

目前,最常用重构多孔介质的方法分为物理实验方法和数值重构方法两类。物理实验方法主要是通过高分辨率仪器获得多孔介质的平面图像,例如,光学显微镜、扫描电子显微镜等。然后对得到的图像进行处理,从而得到多孔介质模型;数值重构方法是利用数学方法重构多孔介质模型。

5.3.1　物理实验方法

物理实验方法有两种。一种方法为切片法,即沿着多孔介质同一方向,将多孔介质切割成若干薄片,将切割后的样品表面进行抛光。然后利用高分辨率的仪器对抛光面进行扫描,得到二维切片图像。将扫描得到的切片数据信息叠加起来就可以构成三维的多孔介质模型。另一种方法是利用 X 射线或者磁共振技术对多孔介质进行扫描,这种方法可以直接获取多孔介质的信息。

这类方法得到的多孔介质非常接近实际多孔介质材料,但是对于设备的分辨率要求较高,不适合获得孔隙直径和骨架较小的多孔介质。

5.3.2 数值重构方法

主要的数值重构方法有高斯场法、模拟退火法、顺序指示模拟法、多点统计法、基于过程重构方法、马尔科夫链－蒙特卡洛(Markov Chain Monte Carlo,MCMC)法等。

(1)高斯场法由 Joshi 提出。这种方法依据统计的二维切片信息,产生一个高斯场,然后通过变换使高斯场中的高斯变量具有相关性,最后转化为数字模型。

(2)模拟退火法首先产生一定孔隙率的随机多孔介质,然后通过调整孔隙和岩石骨架的位置,直至产生想要的多孔介质。

(3)顺序指示模拟法以岩心切片图像中的孔隙度和变差函数作为约束条件,结合地质学中的顺序指示模拟算法重构多孔介质。

(4)多点统计法通过统计的信息,形成重构模式,然后将重构模式复制到重构图像中,从而得到多孔介质模型。

(5)基于过程的重构方法是依据一些基本参数扩展模型的固相或液相,从而得到多孔介质模型。例如,利用分形生长法重构特定结构的多孔介质。在构造过程中,可以方便地改变参数,从而改变多孔介质结构,比较简单易行,更加适合用于理论模拟计算。

(6)MCMC 法是使用 2 点和 5 点领域模板对多孔介质切片进行遍历,获得模板每种配置的条件概率,然后利用 MCMC 法识别重构图像中的孔隙与固相。

虽然物理实验方法比较直接并且准确,但是物理实验方法成本高,重构过程比较烦琐,实用性较差。本书将采用基于过程的随机多孔介质重构技术——随机生长四参数生成法(Quartet Structure Generation Set,QSGS)。这种方法可以轻易改变多孔介质结构参数,从而得到不同参数的随机多孔介质,便于进行模拟研究。

5.3.3 堆积圆方法

根据圆柱扰流的原理,构造一个二维网格并在其中放置多个圆柱代表多孔介质的颗粒,圆柱大小反映颗粒大小,圆柱的分布情况反映颗粒的排列情况。通过计算小圆柱的总面积和网格总面积可以计算出堆积圆方法下对应的多孔介质的孔隙率,其孔隙率计算方法如下:

$$多孔介质孔隙率＝(网格总面积－圆面积)／网格总面积×100\%$$

如图 5.10 所示为基于堆积圆方式构造的均匀多孔介质,由图 5.10 可见固体颗粒规则交错排列。

堆积圆方式可通过改变圆的面积改变多孔介质的孔隙率,通过改变圆的不均匀性和排列方式改变多孔介质的骨架结构,适用于规则排列的多孔介质。此方法不足之处是在设置圆的面积时随机性较差,在既定孔隙率情况下设置圆的位置和大小较为烦琐,并且不能很好地反映土壤中固体颗粒的随机性排列,很难控制多孔介质的孔隙率,一般不采用其构造土壤多孔介质。

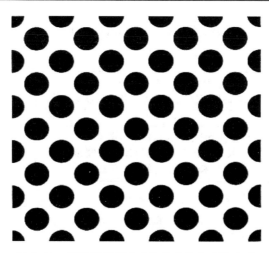

图 5.10　基于堆积圆方式构造的均匀多孔介质

5.3.4　随机生长四参数生成法

本书采用 Wang 等提出的 QSGS 法构造土壤多孔介质模型,具体生成过程如图 5.11 所示。首先选取生长相与非生长相。在土壤中,一般选取固相为生长相,本书选取土壤为生长相,孔隙结构为非生长相。重构多孔介质的步骤如下。

(1)确定构造区域的大小,并在构造区域内随机分布固相生长核。固相生长核的分布概率为 c_d,对于构造区域内所有网格节点布置 $[0,1]$ 间平均分配的随机数,随机数小于 c_d 的格点确定为生长核。生长核的分布概率不能够大于多孔介质的孔隙率 ε。

(2)以给定的分布概率 D_i(i 代表方向)按照不同的方向,向生长核的周围节点生长固相。对于二维多孔介质,生长的方向如图 5.12(a)所示。对每一个生长核的相邻节点分布一组随机数,如果相邻节点的随机数小于 D_i,则这些节点就成为固相。

(3)重复第二步生长固相的过程,直到生长相的体积份额达到要求的体积份额($1-\varepsilon$),若生长相为孔隙,则体积份额为孔隙率 ε。

(4)输出多孔介质数据文件。QSGS 法通过三个参数可以控制多孔介质微观结构的生成,每个参数都有其物理意义。生长核分布概率 c_d 表示每个节点成为固相初始生长核的概率,它反映了生长相在整个空间的统计分布特征。同时,c_d 能够控制多孔介质的精细程度,其值越小,所得到的多孔介质内部连通结构越精细。但是,c_d 值若太小会导致固相生长核过少,从而增加统计结果的波动。在三维多孔介质的构造中,c_d 值的大小还会影响骨架粒子平均体积。$V_p = V(1-\varepsilon)/(N \cdot c_d)$,$V$ 表示构造的体积,N 表示整个构造空间的网格数目。从而可以知道,固定网格数目下,c_d 可以调节构造多孔介质的粒子直径。

方向生长概率 D_i 表示固相在 i 方向的相邻节点成为固相的概率。控制 D_i 的数值可以控制多孔介质的异性程度。对于二维多孔介质的构造,使 1—4 方向的分布概率相等,5—8 方向的分布概率相等,可以构造出各向同性的多孔介质。当 $D_{1-4}:D_{5-8}=4$ 时,方向生长概率与各向同性介质下的平衡态密度分布　致。其中,D_{1-4},D_{5-8} 分别表示四个主

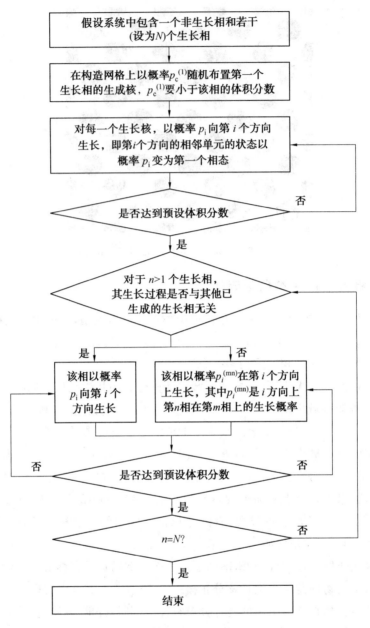

图 5.11　QSGS 构造多孔介质流程图

轴方向(1,2,3,4)和四个对角线方向(5,6,7,8)的生长概率。三维多孔介质的生长方向如图 5.2(b)所示,当 $D_{1-6}:D_{7-18}:D_{19-26}=8:4:1$ 时,方向生长概率与各向同性介质下的平衡态密度分布一致。D_{1-6} 表示 6 个主轴方向,D_{7-18} 表示 12 个棱的方向,D_{19-26} 表示 8 个顶点方向。当 1—6 方向的分布概率相等,7—18 方向的分布概率相等,19—26 方向的分布概率相等时,可以构造各向同性的多孔介质。在迭代的过程中,D_i 越小,得到的多孔介质的固相份额越接近所设置值,但是计算时间也会增加。

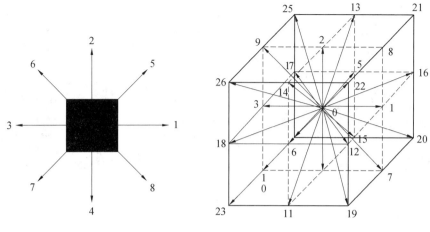

(a) 二维多孔介质生长方向示意图　　　　(b) 三维多孔介质生长方向示意图

图 5.12　二维多孔介质生长方向示意图和三维多孔介质生长方向示意图

如图 5.13 所示为利用 QSGS 法构造的二维土壤多孔介质,图中白色的部分为孔隙结构,黑色部分代表固相。构造参数为 $c_d = 0.01$,(a)、(b) 和 (c) 的孔隙率分别为 0.4、0.6 和 0.8,$D_{1,3} = D_{2,4} = 4D_{5-8}$。

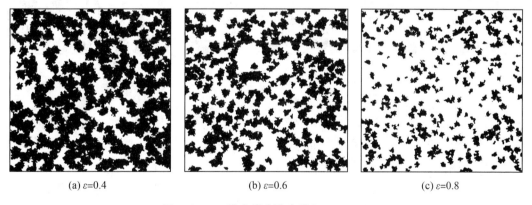

(a) $\varepsilon = 0.4$　　　　　　(b) $\varepsilon = 0.6$　　　　　　(c) $\varepsilon = 0.8$

图 5.13　二维土壤多孔介质($c_d = 0.01$)

从图 5.13 中可以看出,随着孔隙率的增大,固相的体积分数逐渐减小,孔隙的连通逐渐增多。

如图 5.14 所示为固定孔隙率($\varepsilon = 0.6$)不变,逐渐增大生长核分布概率(c_d)的二维土壤多孔介质,从图 5.14 中可以发现固相分布越来越均匀,同时粒子直径逐渐减小。这也证明生长核分布概率 c_d 可以调节生成土壤多孔介质的骨架直径。调节方向生长分布概率可以生成各向异性的土壤多孔介质,如图 5.15(a) 所示,水平方向的生长概率与竖直方向生长概率相等($D_{1,3} : D_{2,4} = 1, D_{2,4} = 4D_{5-8}$),固相呈现不规则随机分布形状。如图 5.15(b) 所示,水平方向的生长概率为竖直方向生长概率的 10 倍($D_{1,3} : D_{2,4} = 10, D_{2,4} = 4D_{5-8}$),固相呈现水平不规则长条形。图 5.15(c) 中竖直方向的生长概率为水平方向生长概率的 10 倍($D_{2,4} : D_{1,3} = 10, D_{2,4} - 4D_{5-8}$),固相形状在竖直方向上呈现不规则长条形。

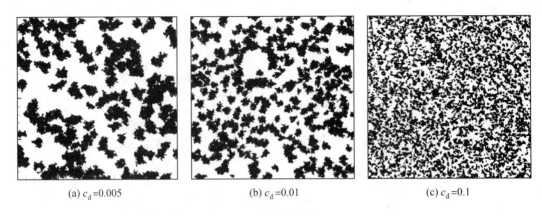

(a) $c_d = 0.005$ (b) $c_d = 0.01$ (c) $c_d = 0.1$

图 5.14   二维土壤多孔介质($\varepsilon = 0.6$)

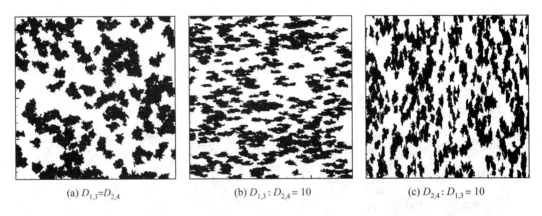

(a) $D_{1,3} = D_{2,4}$ (b) $D_{1,3} : D_{2,4} = 10$ (c) $D_{2,4} : D_{1,3} = 10$

图 5.15   二维土壤多孔介质($\varepsilon = 0.6, c_d = 0.01$)

如图 5.16 所示,利用 QSGS 法构造了三维的土壤多孔介质,图中白色的部分为孔隙结构,黑色部分代表固相,其构造空间为 60×60 格子单位。从图 5.16 可以看出多孔介质内部的连通情况。如图 5.17 所示的构造参数为 $c_d = 0.001$,(a)、(b) 和(c)的孔隙率分别为 0.4、0.6 和 0.8。从图 5.18 可以看出,随着孔隙率的增大,孔隙的连通逐渐增多,固相占的体积减小。如图 5.18 所示为固定孔隙率($\varepsilon = 0.6$)不变,使生长核分布概率 c_d 逐渐增大的三维土壤多孔介质。从图 5.18 中可以发现,随着 c_d 的增大三维土壤多孔介质固相分布越来越均匀。图 5.16 与图 5.17 中的方向生长概率均为 $D_{1-6} : D_{7-18} : D_{19-26} = 8 : 4 : 1$。同样,类似于二维的多孔介质可以调节主轴方向的方向生长概率,从而生成各向异性的三维土壤多孔介质。

如图 5.19 所示为 100×100 格子单位的四个二维多孔介质,各个方向上的生长概率均为 0.01,其孔隙率 n 分别为 0.65、0.70、0.75、0.80。

由图 5.19 可以看出,QSGS 法构造得到的多孔介质中固体颗粒随机分布,呈现无规则状,构成的固体骨架也各不相同,具备了土壤多孔介质的固体骨架分布的随机性。随着孔隙率的增加,QSGS 法构造得到的多孔介质中的固体颗粒越少,固体骨架越稀疏,流体可以经过的有效通道越多,连通性越好。

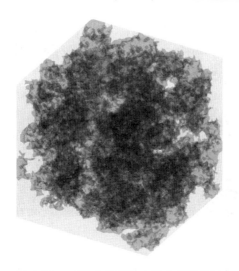

图 5.16　三维土壤多孔介质内部结构图

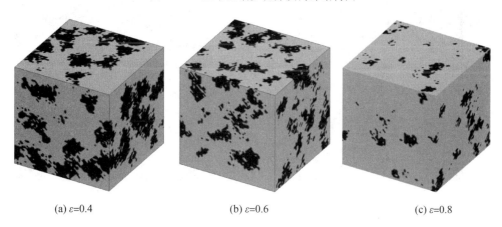

(a) ε=0.4　　　　　　　(b) ε=0.6　　　　　　　(c) ε=0.8

图 5.17　三维多孔介质($c_{\mathrm{d}} = 0.001$)

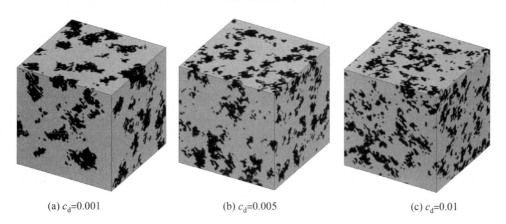

(a) c_{d}=0.001　　　　　(b) c_{d}=0.005　　　　　(c) c_{d}=0.01

图 5.18　三维土壤多孔介质($\varepsilon = 0.6$)

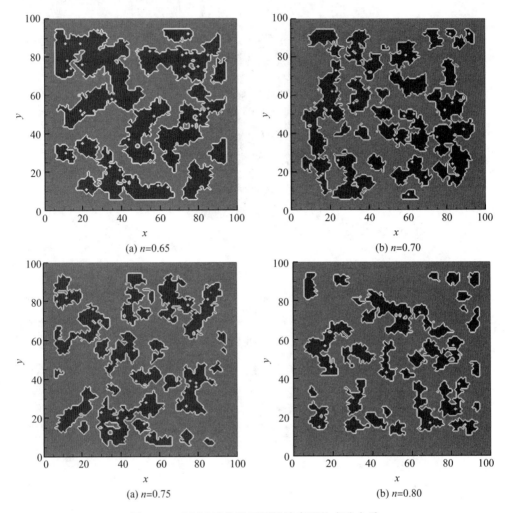

(a) $n=0.65$ (b) $n=0.70$

(a) $n=0.75$ (b) $n=0.80$

图 5.19 QSGS 法构造不同孔隙率下的多孔介质

5.4 泄漏污染物迁移 LBM 模拟

5.4.1 规则多孔介质内污染物迁移分析

本算例中采用 100×150 格子单位区域,在模拟区域中随机放入半径不等的圆形代替多孔介质中的固体颗粒,初始场中多孔介质充满了气体。采用 D2Q9 模型,两相的密度分别设为 0.8 和 1.0,组分之间的受力采用伪势模型中的标准受力模式,其中,G 取值 3.5,相同组分之间作用力系数为 u_o^{eq}。本算例采用的是单松弛时间模型,采用的松弛时间为 $\tau = 1.0$。上下分别为进出口边界,均采用非平衡外推边界条件,进口流体速度为 0.06。左右均为固体壁面,采用反弹格式边界条件。基于堆积圆的方法构造规则多孔介质,通过改变圆面积改变孔隙率,改变圆的数量、堆积方式来控制多孔介质的类型以及其他性质。

如图 5.20 所示为规则多孔介质中泄漏污染物的迁移分布,较为简单直观地展示出管道泄漏污染物在土壤中的简化模型。

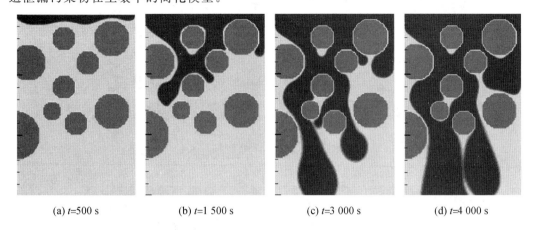

| (a) t=500 s | (b) t=1 500 s | (c) t=3 000 s | (d) t=4 000 s |

图 5.20　规则多孔介质中泄漏污染物的迁移分布

由图 5.20 可以看出,污染物从规则多孔介质区域上方流入,随着时间的变化逐步向下迁移,在遇到多孔介质中的固体颗粒前流体均匀分布向下迁移,遇到圆球固体颗粒后,流体受到阻碍,绕过固体颗粒向有效孔隙中迁移。由以上四个时刻的流体迁移图可以看出,由于固体颗粒分布不均匀、大小形状不一,导致流体迁移呈现不规则状,孔隙大的区域迁移快,孔隙小的区域迁移慢。虽然堆积圆方式构造的规则多孔介质能够清楚地展示流体迁移状况,但堆积圆的方式未能实现土壤骨架结构的随机性分布。

5.4.2　随机多孔介质内污染物迁移分析

采用 QSGS 法构造土壤类随机多孔介质,基于第 3 章中的污染物模型分别模拟其内部单相和多相污染物迁移特性。

1. 单相模拟

建立一个 200×200 格子单位的区域,孔隙率设定为 0.7,流体采用从左往右迁移模式。在程序中采用 LBM 中的 D2Q9 模型,松弛时间 $\tau=1.0$,进出口采用已知的压差,进口压力为 1.2,出口压力为 1.0,左右边界采用非平衡态外推边界条件。流体在遇到多孔介质颗粒固体节点时采用碰撞反弹模式条件。单相模拟图如图 5.21 所示。

由图 5.21 可以看出,随着时间的推移,运行步骤增加,污染物在土壤多孔介质中的迁移在不考虑重力作用下从左往右流动,遇到固体颗粒时绕流进一步向前流动。在 $t=500$ s,污染物迁移呈现上半部分迁移速度快于下半部分的现象,由多孔介质的骨架特点可以看出,在入口附近多孔介质上半部分比下半部分稀疏,流体迁移的阻力小。随后在 $t=1\ 500$ s、$3\ 000$ s、$5\ 000$ s,流体往前迁移过程因多孔介质的不规则状依然呈现不规则流动,并随着时间的推移,不断占据多孔介质中固体颗粒以外的空间。

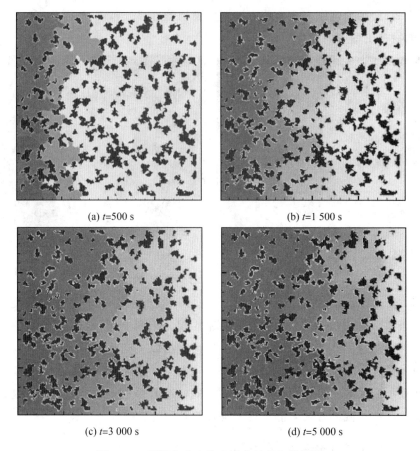

(a) $t=500$ s   (b) $t=1\ 500$ s

(c) $t=3\ 000$ s   (d) $t=5\ 000$ s

图 5.21　泄漏物在土壤中迁移的单相模拟图

2. 多相模拟

针对真实土壤孔隙中充满了大量的气相,与管道泄漏油相污染物相互不相容,本次将模拟石油泄漏到含气土壤中的迁移。模拟程序中采用 D2Q9 模型,多相流部分采用 SC 模型计算不同粒子之间受力。模拟石油泄漏从上往下迁移驱替土壤多孔介质孔隙中的物质,进出口边界条件采用压力边界条件,左右两侧采用固壁,流体遇之碰撞反弹。在进口处设置石油泄漏物质,研究区域初始化为多孔介质中含有气体,石油泄漏物质在迁移中遇到固体颗粒碰撞反弹,同时与气体相遇,驱替了多孔介质中的气体,从而进一步扩散。

在模拟中采用区域是 100×100 格子单位,土壤孔隙率为 0.7,采用 D2Q9 模型,松弛时间 $\tau=1.0$,两相的密度分别为 0.8 和 1.0,进口油的速度为 0.05,上下进口边界采用非平衡态外推边界格式,左右采用固壁反弹。其中,组分之间的受力参数采用 SC 模型参数,其中,G 取值 3.5,相同组分之间作用力系数为 τ_σ。多相模拟图如图 5.22 所示。

由图 5.22 可以看出,在随机多孔介质中,泄漏污染物随着时间的变化而从上向下迁移,遇到固体颗粒则绕流,驱替了土壤多孔介质孔隙中的气体。在 $t=1\ 000$ s 可以看出在遇到多孔介质前,流体向下迁移均匀性良好,随后遇到固体骨架导致流体在迁移过程中受阻,流动趋势与固体骨架和有效孔隙有关。从图 5.22 中的 $t=3\,000$ s 到 $t=20\,000$ s 可以看出,在固体骨架稀疏的区域油相迁移较快,在固体密集区域迁移较慢。

对比图 5.20 规则多孔介质中泄漏污染物的迁移,图 5.21 和图 5.22 中由 QSGS 法构造的随机多孔介质中泄漏污染物的迁移可以较好地体现土壤多孔介质特性,更符合真实的土壤情况,能更好地反映土壤中物质的迁移状况。

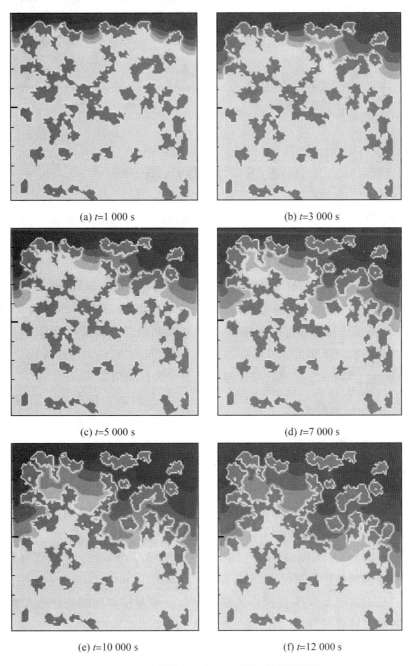

(a) $t=1\,000$ s

(b) $t=3\,000$ s

(c) $t=5\,000$ s

(d) $t=7\,000$ s

(e) $t=10\,000$ s

(f) $t=12\,000$ s

图 5.22　泄漏物在土壤中迁移的多相模拟图

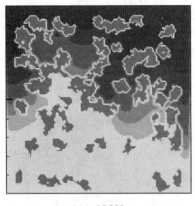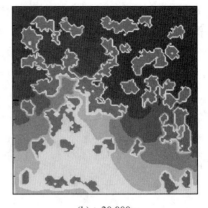

(g) t=15 000 s   (h) t=20 000 s

续图 5.22

5.5　本章小结

本章基于格子 Boltzmann 方法中的基本模型,针对埋地输油管道泄漏污染物迁移过程,开展了污染物流体迁移的一维和二维模拟,具体研究过程小结如下。

(1)建立了埋地输油管道泄漏污染物迁移的一维模型,采用 D1Q3 对有源扩散过程进行了模拟,结果发现不同时刻的 LBM 数值模拟结果与理论值吻合较好。

(2)建立了埋地输油管道泄漏污染物迁移的二维模型,基于格子 Boltzmann 方法对泄漏污染物单相、多相迁移过程进行了模拟,其中单相污染物迁移采用了 CLBGK 模型,通过压差驱动二维平板间单相流体流动算例验证了模型的正确性。多相流模型采用了 SC 模型,基于 Young—Laplace 定律确定多相流模型参数 G 取值为 3.5~4.0。

(3)介绍了多孔介质获得的常用方法,详细介绍了构造土壤多孔介质的 QSGS 法。通过改变基本参数(生长核分布概率 c_d、方向生长概率 D_i 和孔隙率 ε),分析三个参数对于构造土壤多孔介质模型的影响。发现生长核分布概率控制多孔介质的精细程度,改变不同方向的方向生长概率比值可以构造同性或异性多孔介质,孔隙率决定着多孔介质固相与孔隙所占比例。其中,堆积圆方法得到的多孔介质未能较好地反映土壤中固体颗粒的随机性排列,而采用 QSGS 法随机构造出的多孔介质能更好地体现土壤多孔介质的骨架结构,且呈现了土壤多孔介质的固体骨架分布的随机性。

(4)基于堆积圆的方式和 QSGS 法构造了两类多孔介质,通过单相流和多相流模型进行了土壤中泄漏污染物迁移过程分析,探讨了单相流体和油水多相流体在多孔介质中的迁移特性。研究发现 QSGS 法构造的随机多孔介质在模拟污染物迁移时能更好地反映土壤中物质的迁移状况,较好地体现土壤多孔介质特性。

本章参考文献

[1] 齐晗兵，刘杰，李栋，等. 管道泄漏污染物一维迁移的 LBM 模拟[J]. 当代化工，2014(12)：2721-2723.

[2] 邓敏艺，刘慕仁，李珏，等. 一维有源扩散方程的格子 Boltzmann 方法[J]. 广西师范大学学报：自然科学版，2000，18(1)：9-12.

[3] CHAPMAN S, COWLING T G. The mathematical theory of non-uniformgases (3rd edition)[M]. Cambridge：Cambridge University Press，1970.

[4] 王彩华. 含源定常对流扩散方程的高精度紧致差分格式[J]. 天津师范大学学报：自然科学版，2003，23(1)：29-33.

[5] GUO Z, SHI B, ZHENG C. A coupled lattice BGK model for the Boussinesq equations[J]. International Journal for Numerical Methods in Fluids，2002，39(4)：325-342.

[6] 郭照立，郑楚光，李青，等. 流体动力学的格子 Boltzmann 方法[M]. 武汉：湖北科学技术出版社，2002.

[7] GUO Z, SHI B, WANG N. Lattice BGK model for incompressible navier-stokes equation[J]. Journal of Computational Physics，2000，165(1)：288-306.

[8] 陶文铨. 数值传热学[M]. 2 版. 西安：西安交通大学出版社，2001.

[9] 王勇. 格子 Boltzmann 方法在热声领域的应用及热声谐振管可视化实验研究[D]. 西安：西安交通大学，2009.

[10] TANG G H. Fluid flow and heat transfer in a plane channel using lattice boltzmann method[J]. International Journal of Modern Physics B，2012，17(1n02)：183-187.

[11] 刘高洁，郭照立，施保昌. 多孔介质中流体流动及扩散的耦合格子 Boltzmann 模型[J]. 物理学报，2016，65(1)：014702(1-9).

[12] 戴振宇. 部分填充多孔介质通道内流体流动及传热特性研究[D]. 济南：山东建筑大学，2015.

[13] 申林方，王志良，李邵军. 基于格子博尔兹曼方法表征体元尺度土体细观渗流场的数值模拟[J]. 岩土力学，2015，36(S2)：689-694.

[14] ZHAO H Q, MACDONALD I F, KWIECIEN M J. Multi-orientation scanning：a necessity in the identification of pore necks in porous media by 3-D computer reconstruction from serial section data [J]. Journal of Colloid interface Science，1994，162：390-401.

[15] TOMUTSA L, SILIN D, RADMILOVIC V. Analysis of chalk petro-physical

properties by means of submicron-scale pore imaging and modeling[J]. Spe Reservoir Evaluation & Engineering,2007,10(03):285-293.

[16] 朱益华,陶果,方伟. 基于格子 Boltzmann 方法的储层岩石油水两相分离数值模拟[J]. 中国石油大学学报:自然科学版. 2010,34(3):48-52.

[17] ARNS C H,KNACKSTEDT M A,PINCZEWSKI W V. Virtual permeametry on microtomographic images [J]. Journal of Petroleum Science and Engineering,2004,45:41-46.

[18] JOSHI M. A class of stochastic models for porousmedia[D]. Lawrence:University of Kansas,1974.

[19] HAZLETT R D. Statistical characterization and stochastic modeling of pore networks in relation to fluid flow[J]. Mathematical Geology,1997,29(6):801-822.

[20] 王波. 多孔介质模型的三维重构方法[J]. 西安石油大学学报:自然科学版,2012,27(4):54-57,61.

[21] BRYANT S L,CADE C A,MELLOR D W. Permeability prediction from geological models[J]. AAPG Bulletin,1993,77:1338-1350.

[22] 王玉珏,鲁丽. 多圆柱绕流问题的数值模拟[J]. 重庆理工大学学报:自然科学版,2016,30(2):37-40.

[23] WANG M,WANG J K,PAN N. Mesoscopic predictions of the effective thermal conductivity for microscale random porous media[J]. Physical Review E,2007,75:036702.

[24] 赵凯. 基于孔隙尺度的多孔介质流动与传热机理研究[D]. 南京:南京理工大学,2010.

[25] KOCH D J,HILL R J. Inerial effects in suspension and porous media flows[J]. Annual Review of Fluid Mechanics,2001,33:619-647.

[26] PENG Y,SHU C,CHEW Y T. A Three-dimensional incompressible thermal lattice Boltzmann model and its application to simulate natural convection in a cubic cavity[J]. Jouranl of Computational Physics,2003,193:260-274.

[27] 杨剑,闫晓,曾敏,等. 圆球及椭球颗粒有序堆积多孔介质内强制对流换热实验研究[J]. 核动力工程,2012,33(S1):85-89.

第 6 章　多孔介质内部阻力系数获取方法

6.1　基于实验的获取方法

本章通过实验管段填充不同粒径玻璃小球模拟多孔介质区域,基于通过实验流体的不同,分别进行单相水实验Ⅰ(0.8~0.9 mm 粒径小球)、油水混合实验Ⅰ(0.8~0.9 mm 粒径小球)、单相水实验Ⅱ(0.8~0.9 mm、0.9~1.18 mm 混合粒径小球)、油水混合实验Ⅱ(0.8~0.9 mm、0.9~1.18 mm 混合粒径小球)。

6.1.1　实验方案

1. 实验内容和目的

阻力系数是表征流场中黏性阻力和惯性阻力相对大小的重要指标之一,利用计算流体动力学模拟开发软件进行多孔介质的传热传质模拟研究的过程中,多孔介质模型可用于模拟包括流过填充床、滤纸、多孔板、布流器、管排等许多问题的流动。多孔介质模拟区域的复杂性及液体物性的综合影响,使得黏性阻力系数和惯性阻力系数主要与液体的黏度、多孔介质的孔隙率、多孔介质中的粒子直径及经验常数相关,非线性渗流主要是由惯性力引起的。低雷诺数时,黏性占主导地位,阻力系数较大;高雷诺数时,惯性阻力占主导地位,阻力系数较小。而当渗透流速相同时,孔隙介质的颗粒直径越小,比表面积和流速梯度越大,黏滞力作用越大。对于相同排列方式、不同粒径的孔隙介质,当渗透流速相同时,黏滞阻力作用项和惯性阻力作用项都随颗粒粒径的减小而增大。对于同一种孔隙介质而言,随着渗透流速增大,黏滞力和惯性力作用项均增大,但黏滞力作用项的比例逐渐减小,惯性阻力所占比例逐渐增大。

油田驱油、土壤中液体污染物修复、输油管道泄漏检测等工程实际应用,往往涉及液体在地层、土壤、砂石等多孔介质中的迁移研究问题。多孔介质以固相为固体骨架,所构成的孔隙空间被其他相物质占据。多数地层、土壤、砂石等多孔介质中液体迁移的数值研究都采用 Fluent 等商业软件进行。在利用 Fluent 等商业软件研究液体流经多孔介质区域过程中的迁移特性时,需要已知黏性阻力系数和惯性阻力系数。因此,获取多孔介质黏性阻力系数和惯性阻力系数具有重要的实际工程应用价值。

2. 实验材料

(1)实验所用材料如图 6.1 所示,选用 0.8~1.18 mm 的玻璃小球。经过实验前的筛网筛分处理,得到 0.8~0.9 mm、0.9~1.18 mm 两种粒径的玻璃小球。

（2）根据表 6.1 石油化工行业标准 NB/SH/T 0006—2017 工业白油技术要求，选用白油 32$^\#$ 为实验材料，如图 6.2 所示为加热前后水—白油 32$^\#$ 的混合情况。加热前，由于室温条件下白油 32$^\#$ 密度小于水的密度，将水和白油 32$^\#$ 自然态混合后，发生明显的分层现象。加热后，随着温度的上升，水和白油 32$^\#$ 的密度略有减小，水的动力黏性系数数值明显减小，温度升高至 60 ℃时，水—白油 32$^\#$ 混合状态良好，适合实验流体试样操作。

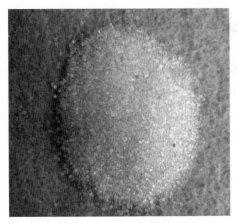 

图 6.1　玻璃小球材料　　　　　图 6.2　加热前后水—白油 32$^\#$ 的混合情况

表 6.1　工业白油技术要求（NB/SH/T 0006—2017）

项目	质量指标										
等级	优级品							合格品			
牌号	5	7	10	15	32	68	100	5	7	10	15
运动黏度（40 ℃）	4.14～5.06	6.12～7.48	9.00～11.0	13.5～16.5	28.8～35.2	61.2～74.8	90.0～110.0	4.14～5.06	6.12～7.48	9.0～11.0	13.5～16.5
闪点/℃	110	130	140	150	180	200	200	110	130	140	150
倾点/℃	−5			−10					3		2
颜色/赛氏号	30								20		24
水溶性酸或碱	无										
硫酸显色实验	通过						—				
硝基萘实验	通过						—				
外观	无色、无味、无荧光、透明油状液体										

3. 实验仪器

（1）压差测量仪器：如图 6.3 所示，采用智能压差变送器 0～100 kPa。

（2）流量测量仪器：如图 6.4 所示，涡轮流量变送器精度为 0.5%，测量范围为 1～10 m³/h。

（3）黏度测量仪器：如图 6.5 所示，采用旋转式黏度计。

（4）液体输送装置：如图 6.6 所示，采用单相热水管道泵。

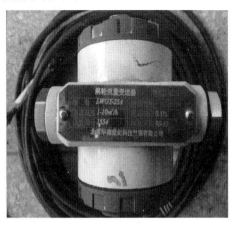

图 6.3　压差变送器　　　　　　　　　　图 6.4　流量变送器

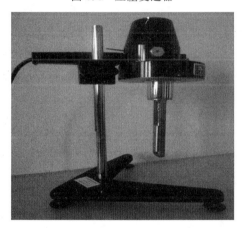

图 6.5　NDJ－1 型旋转式黏度计　　　　　图 6.6　单相热水管道泵

6.1.2　实验原理与过程

1. 多孔介质模型阻力系数基本求解方法

（1）公式计算法。

Forchheimer 于 1901 年在没有考虑多孔介质通道几何形状和流体黏度耦合作用的影响的情况下，首次提出压降的非线性表达式：

$$\frac{|\Delta p|}{L} = Au + Bu^2 \tag{6.1}$$

式中，A 为黏性项经验系数；B 为惯性项经验系数。

Ergun 对 Forchheimer 公式进行修正，得出了一个半经验公式，适用的雷诺数范围广泛，同时也适用于多种填充物。Ergun 公式如下：

$$\frac{|\Delta p|}{L} = \frac{150\mu}{D_p^2}\frac{(1-\varepsilon)^2}{\varepsilon^3}v_\infty + \frac{1.75\rho}{D_p}\frac{(1-\varepsilon)}{\varepsilon^3}v_\infty^2 \tag{6.2}$$

式中,Δp 为流体在多孔介质区域内产生的压降;L 为流体在多孔介质中的有效渗透路径;μ 为流体黏度;D_p 为多孔介质孔隙直径;ε 为多孔介质孔隙率;ρ 为流体密度;v_∞ 为流体通过多孔介质区域时的流速。

当流体渗流位层流时,式(6.2)右端第二项可忽略,从而进一步简化为 Blake − Kozeny 方程式:

$$\frac{|\Delta p|}{L} = \frac{150\mu}{D_p^2} \frac{(1-\varepsilon)^2}{\varepsilon^3} v_\infty \tag{6.3}$$

通过 Ergun 公式可求得多孔介质黏性阻力系数和惯性阻力系数

$$\frac{1}{\alpha} = \kappa = \frac{150}{D_p^2} \frac{(1-\varepsilon)^2}{\varepsilon^3} \tag{6.4}$$

$$C_2 = \frac{(1-\varepsilon)}{\varepsilon^3} = \sqrt{\kappa \frac{\varepsilon^3}{150(1-\varepsilon)^2}} \frac{3.5\rho(1-\varepsilon)}{\varepsilon^3} \tag{6.5}$$

(2)实验拟合法。

通过实验可以获得多孔介质中流体的流速与压降的实验数据,利用这些数据通过插值拟合的方法可求出源项的阻力系数。可以通过多孔介质的压降 Δp 与速度 v 关系的实验数据确定阻力系数,可以用二次多项式拟合出一条有关"速度 − 压降"的曲线关系如下式:

$$\Delta p = a_1 v + a_2 v^2 \tag{6.6}$$

式中,a_1 和 a_2 为拟合系数,而动量方程源项为单位长度压降$\frac{\Delta p}{\Delta n} = -S_i$,其中 Δn 为多孔介质板的厚度,因此黏性阻力系数和惯性阻力系数分别为

$$\frac{1}{\alpha} = \frac{a_1}{\mu\Delta n} \tag{6.7}$$

$$C_2 = \frac{a_2}{\frac{1}{2}\rho\Delta n} \tag{6.8}$$

2. 黏性阻力系数和惯性阻力系数影响因素

根据多孔介质模型的黏性阻力系数和惯性阻力系数的现有计算公式,可以得到$\frac{1}{\alpha} = \frac{A}{D_p^2} \frac{(1-\varepsilon)^2}{\varepsilon^3}$ 和 $C_2 = \frac{2B}{D_p} \frac{(1-\varepsilon)}{\varepsilon^3}$,黏性阻力系数$\frac{1}{\alpha}$ 除与多孔介质的孔隙率 ε 和多孔介质的等量球体粒径 D_p 有关,还与流经多孔介质的流体的黏度系数 μ 有关;惯性阻力系数 C_2 不仅与多孔介质的孔隙率 ε 有关,还与通过多孔介质的流体的密度有关系。推导出以黏性阻力系数$\frac{1}{\alpha}$ 和惯性阻力系数 C_2 为参数,以流体在实验管段内的流速 v 为自变量,以流体在实验管段两端的压差变送器上所产生的压降值 Δp 为函数的非线性函数关系式:

$$\Delta p = \mu v \Delta L \frac{1}{\alpha} + \frac{1}{2} C_2 \rho \Delta L v^2 \tag{6.9}$$

3. 实验过程及工况因素

如图 6.7 所示,液体经由入水管进入高位水箱,通过输水软管进入由高精度光滑实心玻璃小球组成的玻璃球床实验管段部分,将由通过流量变送器所测得的液体流量数据,根据在液体流经过的截面面积一定的条件下,液体流量与流速之间的线性关系公式 $Q = vA$,可以计算得到所测得的液体在流经实验管段时的流速数据,将由压差变送器 LOW 端隔膜与压差变送器 HIGH 端隔膜所测得的在压差变送器的量程范围内的百分比例数据,对照相应的测量量程计算得出压差变送器 LOW 端隔膜与压差变送器 HIGH 端隔膜两端的实际压降数据值。

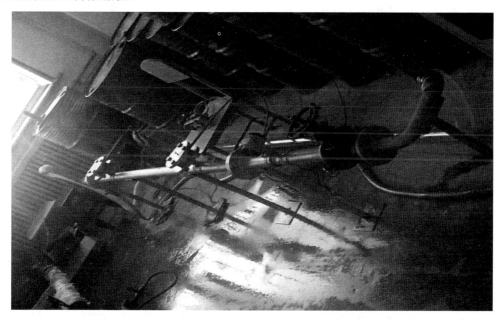

图 6.7　实验装置结构图

通过改变流经液体和实心玻璃小球的粒径大小,在玻璃小球直径分别为 $0.8 \sim 0.9$ mm 及混合粒径的情况下,分别进行单相水、水—白油 $32^{\#}$ 混合实验。工况参数见表 $6.2 \sim 6.5$。

表 6.2　单相水实验 I 工况参数

实验条件	工况 1 参数
实验流体	水
水密度 $\rho/(\mathrm{kg \cdot m^{-3}})(20\ ℃)$	998.16
水动力黏性系数 $\mu/(\mathrm{kg \cdot m^{-1} \cdot s^{-1}})$	1.003×10^{-3}
实验管段长度 L/m	1.5
实验管段直径 D_p/m	0.05
玻璃小球直径 $/\mathrm{mm}$	$0.8 \sim 0.9$

表 6.3　水—白油 $32^{\#}$ 混合实验 I 工况参数

实验条件	工况 2 参数
实验流体	水/白油 $32^{\#}$（体积比 2∶1）
水密度 $\rho/(\mathrm{kg \cdot m^{-3}})$(60 ℃)	983.2
白油 $32^{\#}$ 密度 $\rho/(\mathrm{kg \cdot m^{-3}})$(60 ℃)	840
混合液体密度 $\rho/(\mathrm{kg \cdot m^{-3}})$(60 ℃)	935.467
水动力黏性系数 $\mu/(\mathrm{kg \cdot m^{-1} \cdot s^{-1}})$	4.66×10^{-4}
白油 $32^{\#}$ 动力黏性系数 $\mu/(\mathrm{kg \cdot m^{-1} \cdot s^{-1}})$	0.02
混合液体动力黏性系数 $\mu/(\mathrm{kg \cdot m^{-1} \cdot s^{-1}})$	8.4×10^{-3}
实验管段长度 L/m	1.5
实验管段直径 D_p/m	0.05
玻璃小球直径/mm	0.8~0.9

表 6.4　单相水实验 II 工况参数

实验条件	工况 3 参数
实验流体	水
水密度 $\rho/(\mathrm{kg \cdot m^{-3}})$(20 ℃)	998.16
水动力黏性系数 $\mu/(\mathrm{kg \cdot m^{-1} \cdot s^{-1}})$	1.003×10^{-3}
实验管段长度 L/m	1.5
实验管段直径 D_p/m	0.05
玻璃小球直径/mm	0.8~0.9/0.9~1.18（体积比 1∶1）

表 6.5　水—白油 $32^{\#}$ 混合实验 II 工况参数

实验条件	工况 4 参数
实验流体	水/白油 $32^{\#}$（体积比 2∶1）
水密度 $\rho/(\mathrm{kg \cdot m^{-3}})$(60 ℃)	983.2
白油 $32^{\#}$ 密度 $\rho/(\mathrm{kg \cdot m^{-3}})$(60 ℃)	840
混合液体密度 $\rho/(\mathrm{kg \cdot m^{-3}})$(60 ℃)	935.467
水动力黏性系数 $\mu/(\mathrm{kg \cdot m^{-1} \cdot s^{-1}})$	4.66×10^{-4}
白油 $32^{\#}$ 动力黏性系数 $\mu/(\mathrm{kg \cdot m^{-1} \cdot s^{-1}})$	0.02
混合液体动力黏性系数 $\mu/(\mathrm{kg \cdot m^{-1} \cdot s^{-1}})$	8.4×10^{-3}
实验管段长度 L/m	1.5
实验管段直径 D_p/m	0.05
玻璃小球直径/mm	0.8~0.9/0.9~1.18（体积比 1∶1）

6.1.3　实验结果分析讨论

1. 单相水实验 Ⅰ (0.8～0.9 mm 粒径小球)

根据表 6.2 中的实验参数进行实验,流体为单相水,实验温度为 20 ℃,并将实验管段内的压差 Δp 和单相水流体通过实验管段的流速 v 的实验测量值进行记录。将实验测量值 Δp 和 v 依据式(6.2)进行参数拟合,按照阻力系数的导出公式(6.9)进行曲线拟合,拟合结果如图 6.8 和图 6.9 所示。拟合得到 Ergun 方程常系数分别为 $A = 41.577\ 49$ 和 $B = 0.338\ 5$,且拟合度 $R^2 = 0.995\ 56$;得到阻力系数分别为 1.19×10^9 和 $23\ 186.580\ 96$。

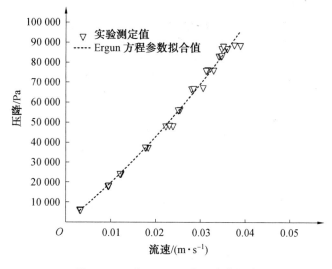

图 6.8　工况 1 Ergun 方程参数拟合

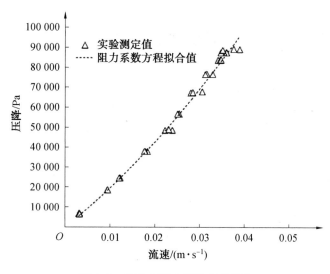

图 6.9　工况 1 阻力系数方程拟合

2. 油水混合实验 I（0.8～0.9 mm 粒径小球）

根据表 6.3 中的实验参数进行实验，流体为水－白油 32# 混合液体，实验温度为 60 ℃，并将实验管段内的压差 Δp 和水－白油 32# 混合流体通过实验管段的流速 v 的实验测量值进行记录。将实验测量值 Δp 和 v 依据式(6.2)进行参数拟合，按照阻力系数的导出公式(6.9)进行曲线拟合，拟合结果如图 6.10 和图 6.11 所示。拟合得到 Ergun 方程常系数分别为 $A=2.467\ 06$ 和 $B=0.358\ 8$，且拟合度 $R^2=0.986\ 99$；得到阻力系数分别为 7.06×10^7 和 $24\ 576.985\ 8$。

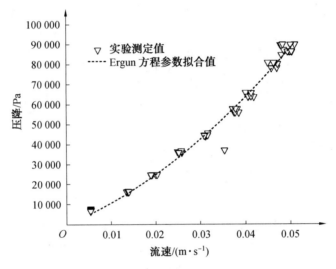

图 6.10　工况 2 Ergun 方程参数拟合

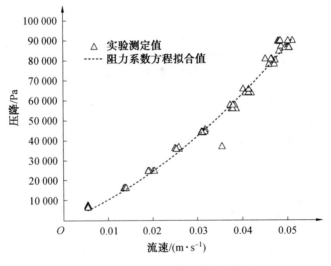

图 6.11　工况 2 阻力系数方程拟合

3. 单相水实验Ⅱ（0.8～0.9 mm、0.9～1.18 mm 混合粒径小球）

根据表 6.4 中的试验参数，将实验管段内的压差 Δp 和单相水流体通过实验管段的流速 v 的实验测量值进行记录。将实验测量值 Δp 和 v 依据式（6.2）Ergun 方程进行参数拟合，依据式（6.9）阻力系数的导出公式进行曲线拟合，拟合结果如图 6.12 和图 6.13 所示。拟合得到 Ergun 方程常系数分别为 $A = 27.763\,27$ 和 $B = 0.444\,17$，且拟合度 $R^2 = 0.979\,4$；得到阻力系数分别为 6.63×108 和 $27\,807.2690\,3$。

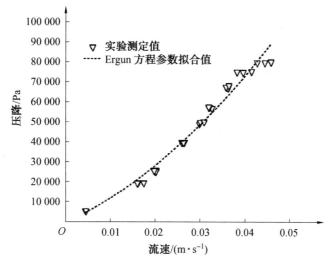

图 6.12　工况 3 Ergun 方程参数拟合

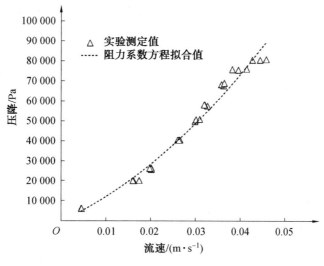

图 6.13　工况 3 阻力系数方程拟合

4. 油水混合实验Ⅱ（0.8～0.9 mm、0.9～1.18 mm 混合粒径小球）

根据表 6.5 中的实验参数，将实验测量值 Δp 和 v 依据式（6.2）Ergun 方程进行参数拟合，按照阻力系数导出公式（6.9）进行曲线拟合，拟合结果如图 6.14 和图 6.15 所示。

拟合得到 Ergun 方程常系数分别为 $A = 3.902\ 7$ 和 $B = 0.744\ 26$,且拟合度 $R^2 = 0.987\ 37$;得到阻力系数分别为 9.33×10^7 和 $46\ 596.043\ 51$。

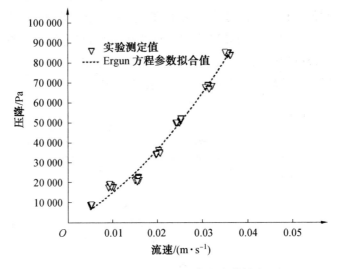

图 6.14　工况 4 Ergun 方程参数拟合

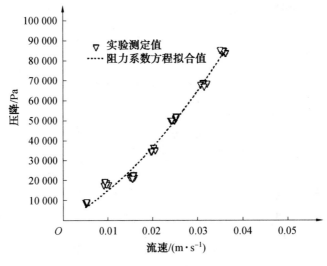

图 6.15　工况 4 阻力系数方程拟合

5.实验结果分析

(1)单相水条件下改变玻璃小球粒径。

如图 6.16 所示,在实验流体为单相水的条件下,通过 Ergun 方程拟合,在流速相同的条件下,0.8~0.9 mm 粒径拟合压降大于混合粒径的拟合压降值;在压降相同的条件下,0.8~0.9 mm 的拟合流速小于混合粒径拟合流速。如图 6.17 所示,通过比较阻力系数拟合曲线,0.8~0.9 mm 粒径的阻力系数拟合曲线的压降梯度大于混合粒径的阻力系数拟合曲线,结合工况 1 拟合得到的黏性阻力系数 1.19×10^9 大于工况 3 拟合得到的黏性

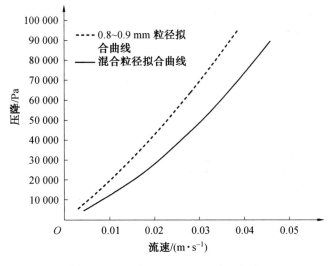

图 6.16　工况 1 和 3 Ergun 方程拟合

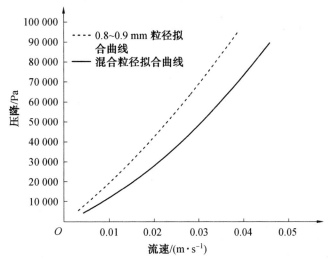

图 6.17　工况 1 和 3 阻力系数方程拟合

阻力系数 6.63×10^8,而工况 1 拟合得到的惯性阻力系数(23 186.580 96)小于工况 3 拟合得到的惯性阻力系数(27 807.269 03)。结果表明,单相水在通过由 0.8～0.9 mm 粒径组成的多孔介质区域时,受到的黏性阻力作用大于通过混合粒径所产生的黏性阻力作用,受到的惯性阻力作用小于通过混合粒径所产生的惯性阻力作用。

(2)水—白油 32# 混合条件下改变玻璃小球粒径。

如图 6.18 所示,在实验流体为水—白油 32# 混合液体的条件下,通过 Ergun 方程拟合,在流速相同的条件下,0.8～0.9 mm 粒径拟合压降小于混合粒径的拟合压降值;在压降相同的条件下,0.8～0.9 mm 粒径的拟合流速大于混合粒径拟合流速。如图 6.19 所示,通过比较阻力系数拟合曲线,0.8～0.9 mm 粒径的阻力系数拟合曲线的压降梯度小于混合粒径的阻力系数拟合曲线,结合工况 2 拟合得到黏性阻力系数 7.06×10^7 小于工况 4 拟合得到的黏性阻力系数 9.33×10^7,而工况 2 拟合得到的惯性阻力系数(24 576.985 8)小于工况 4 拟合得到的惯性阻力系数(46 596.043 51)。结果表明,水—白油 32# 混合液体在通过粒径大小为 0.8～0.9 mm 组成的多孔介质区域时,受到的黏性阻力作用小于通过混合粒径所产生的黏性阻力作用,受到的惯性阻力作用小于通过混合粒径所产生的惯性阻力作用。

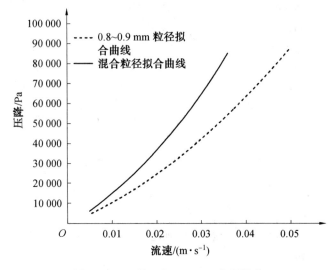

图 6.18   工况 2 和 4 Ergun 方程拟合

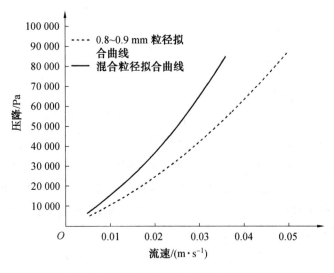

图 6.19   工况 2 和 4 阻力系数方程拟合

(3)0.8～0.9 mm 粒径下比较水与水—白油 32# 混合液体。

如图 6.20 所示,当多孔介质区域采用粒径为 0.8～0.9 mm 条件下,分别进行单相水和水—白油 32# 混合液体实验,通过 Ergun 方程拟合,在流速相同的条件下,单相水拟合压降大于水—白油 32# 拟合压降值;在压降相同的条件下,单相水拟合流速小于水—白油 32# 拟合流速。如图 6.21 所示,通过比较阻力系数拟合曲线,单相水的阻力系数拟合曲线的压降梯度大于水－白油 32# 的阻力系数拟合曲线的,结合工况 1 拟合得到的黏性阻力系数(1.19×10^9)大于工况 2 拟合得到的黏性阻力系数(7.06×10^7),而工况 1 拟合得到的惯性阻力系数(23 186.580 96)小于工况 2 拟合得到的惯性阻力系数(24 576.985 8)。结果表明,通过粒径为 0.8~0.9 mm 时,单相水受到的黏性阻力作用较大,受到的惯性阻力作用较小。

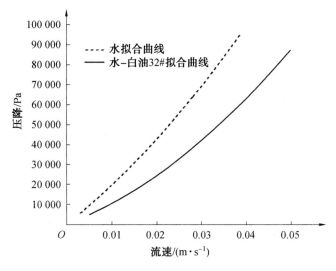

图 6.20　工况 1 和 2 Ergun 方程拟合

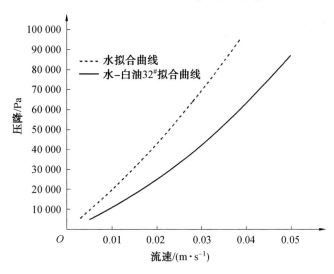

图 6.21　工况 1 和 2 阻力系数方程拟合

(4)混合粒径下比较水与水－白油 32# 混合液体。

如图 6.22 所示,在多孔介质区域采用混合粒径条件下,分别进行单相水和水－白油 32# 混合液体实验,通过 Ergun 方程拟合,在流速相同的条件下,单相水拟合压降小于水－白油 32# 拟合压降值;在压降相同的条件下,单相水拟合流速大于水－白油 32# 拟合流速。由图 6.23 所示,通过比较阻力系数拟合曲线,单相水的阻力系数拟合曲线的压降梯度小于水—白油 32$^{\#}$ 的阻力系数拟合曲线的,结合工况 3 拟合得到的黏性阻力系数($6.63×10^{8}$)大于工况 4 拟合得到的黏性阻力系数($9.33×10^{7}$),而工况 3 拟合得到的惯性阻力系数(27 807.269 03)小于工况 4 拟合得到的惯性阻力系数(46 596.043 51)。结果表明,在通过混合粒径条件下,单相水受到的黏性阻力作用较大,受到的惯性阻力作用较小。

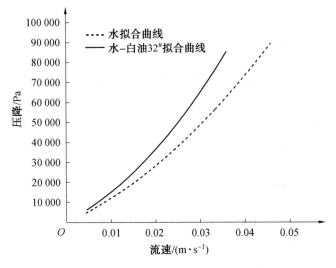

图 6.22　工况 3 和 4 Ergun 方程拟合

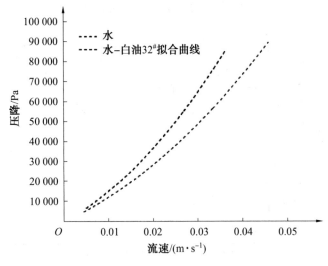

图 6.23　工况 3 和 4 阻力系数方程拟合

6.2　基于介观模拟的获取方法

在 Boltzmann 方法模拟污染物多相流迁移时,其在小孔隙率土壤中受尺度、计算时间影响,导致其计算稳定性差,为此采用介观模拟方法求出油水污染物在土壤中的阻力系数,将其引入 Fluent 软件中进行宏观模拟,从而更清楚地展现泄漏污染物在大尺度和长时间内的迁移特性。

6.2.1　水相泄漏污染物迁移的阻力系数

输油管道泄漏污染物在土壤类多孔介质中迁移,其土壤的孔隙率一般为 0.3~0.5。但是,LBM 中采用固壁反弹格式,为保证计算精度,固壁之间的格子不能太少,QSGS 法构造的多孔介质孔隙率一般会大于土壤的孔隙率。例如,董波发现固壁之间的距离太小会导致数值不稳定、程序发散;而 Chau 也在研究中发现,当孔隙率为 0.55~0.60 时计算过程具有不稳定发散性。考虑到本书目前的研究手段和计算条件,本书采取了首先模拟大孔隙率下污染物的黏性阻力系数和惯性阻力系数,然后通过数据拟合、单位换算等方法推测出土壤在小孔隙率下污染物迁移所对应的阻力系数。

在单位换算中,首先模拟了水相污染物在多孔介质中的迁移情况,格子单位 100×100 的流体区域,对应的实际物理单位长和宽都为 0.01 m 的正方形区域,采用 QSGS 法构造孔隙率为 0.7 的多孔介质,进口压力分别为 1.40、1.35、1.30、1.25、1.20,而出口压力均设置为 1.0。在 LBM 程序中松弛时间 $\tau=1.0$,根据 $\upsilon=c_S^2(\tau-0.5)$ 求出系统中的运动黏度为 1/6。L 为实际流场的特征长度,假定 $L=0.01$ m,网格为 100×100 格子单位,其中 $N=100$,由格子单位与物理单位的转换关系求出特征长度 $L_0=0.0001$。

水相运动黏度为 $1.003\times10^{-6}\,\mathrm{m^2/s}$,由 $\upsilon=\upsilon_0(\mathrm{m^2/s})T_0(\mathrm{s})/L_0^2(\mathrm{m})$ 求出特征时间 T_0,$T_0=1/6\times10^{-2}$ s。

格子系统的密度为 $\rho=1$,已知实际流场中流体的密度 $\rho_0=9.98\times10^2\,\mathrm{kg/m^3}$,则由式子 $\rho=\rho_0(\mathrm{kg/m^3})\cdot L_0^3(\mathrm{m})/M_0(\mathrm{kg})$ 计算出特征质量 M_0,$M_0=1.0\times10^{-9}$ kg。

格子系统中的压力为 p,实际物理单位是 $P(\mathrm{kg/(m\cdot s^3)})$。根据 $p=P\cdot L_0\cdot T_0^2/M$ 可得出实际对应的边界压力条件。格子系统中的速度为 u,实际物理单位是 $U_0(\mathrm{m/s})$。根据 $u=U_0\cdot T_0/L_0$ 可得出对应流体的实际流动速度。

表 6.6 为压力—速度对应数据,在模拟运算中对应的格子速度、格子压力差经过单位换算后得到具体物理单位下的速度、压力差。

表 6.6　孔隙率为 0.70 时水的压力—速度数据

格子速度	物理速度	格子压差	物理压差
0.004 540	0.000 272 40	0.20	0.24
0.005 563	0.000 333 78	0.25	0.30
0.006 540	0.000 392 40	0.30	0.36
0.007 496	0.000 449 76	0.35	0.42
0.008 414	0.000 504 84	0.40	0.48

由表 6.6 中水相污染物迁移模拟数据所得的物理压差和物理速度关系,得出如图 6.24所示的水相污染物迁移的速度—压差拟合曲线。通过数据拟合得出"速度—压降"的

二次多项式关系式：$\Delta p=798.95v+300\ 615.428\ 3v^2$，$R_2=0.979\ 4$。根据 6.1.2 节中黏性阻力系数和惯性阻力系数获取的计算方法得出，由模拟数据所得的水相污染物黏性阻力系数为 $7.965\ 6\times10^8$，惯性阻力系数为 601.23。理论计算的结果得出的黏性阻力系数为 1.03×10^8，惯性阻力系数为 952.8，说明一致性良好。

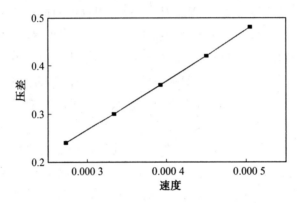

图 6.24　孔隙率为 0.70 时水相污染物的速度—压差拟合曲线

表 6.7 为孔隙率为 0.75 和 0.80 时水的压力—速度数据，在模拟运算中对应的格子速度、格子压力差经过单位换算方法后得到具体物理单位下的速度、压力差。

表 6.7　孔隙率为 0.75 和 0.80 时水的压力—速度数据

孔隙率	格子速度	物理速度	格子压差	物理压差
0.75	0.010 864 5	0.000 651 9	0.24	0.20
	0.013 289 0	0.000 797 3	0.30	0.25
	0.015 608 5	0.000 936 5	0.36	0.30
	0.017 844 5	0.001 070 7	0.42	0.35
	0.019 989 9	0.001 199 4	0.48	0.40
0.80	0.016 332 9	0.000 979 9	0.24	0.20
	0.019 865 4	0.001 191 9	0.3	0.25
	0.023 206 4	0.001 392 3	0.36	0.30
	0.026 373 4	0.001 582 4	0.42	0.35
	0.029 364 1	0.001 761 8	0.48	0.40

由表 6.7 中水相污染物在孔隙率为 0.75 和 0.80 的多孔介质中迁移模拟所得数据，得出的物理压差和物理速度关系，获得了如图 6.25 所示的水相污染物迁移的速度—压差拟合曲线。通过数据拟合得出"速度—压降"的二次多项式关系式。孔隙率为 0.75 时的拟合方程为 $\Delta p=329.41\ v+58\ 885v^2$。根据 6.2.1 节中黏性阻力系数和惯性阻力系数获取的计算方法得出，模拟中的水相污染物黏性阻力系数为 3.28×10^8，惯性阻力系数为 117.77。孔隙率为 0.80 时的拟合方程为 $\Delta p=209.31\ v+35\ 649v^2$。经黏性阻力系数和惯

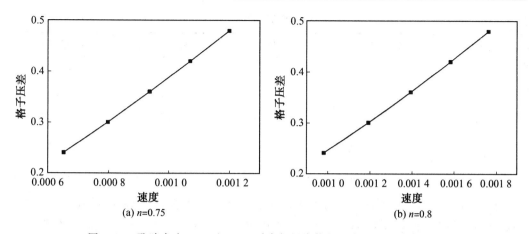

图 6.25　孔隙率为 0.75 和 0.80 时水相污染物的速度－压差拟合曲线

性阻力系数获取的方法计算得出，模拟中水相污染物的黏性阻力系数为 2.08×10^{8}，惯性阻力系数为 71.298。

6.2.2　油相污染物迁移的阻力系数

基于 6.1.2 节获取阻力系数的方法研究油相污染物的阻力系数，其中假定油相污染物密度采用 840 kg/m^{3}，黏度为 0.003 $kg/(m \cdot s)$。进口压力为 1.4 Pa、1.35 Pa、1.3 Pa、1.25 Pa、1.2 Pa，出口压力均设置为 1.0。采用 100×100 的格子区域，其对应的实际尺寸是长和宽都为 0.01 m。表 6.8 为孔隙率为 0.70、0.75 和 0.80 时石油的压力－速度数据，在模拟运算中对应的格子速度、格子压力差经过单位换算后得到具体物理单位下的速度、压力差。

表 6.8　孔隙率为 0.70、0.75 和 0.80 时石油的压力－速度数据

孔隙率	格子速度	物理速度	格子压差	物理压差
	0.004 54	0.005 448	0.20	80.64
	0.005 56	0.006 676	0.25	100.80
0.70	0.006 54	0.007 848	0.30	120.96
	0.007 49	0.008 995	0.35	141.12
	0.008 41	0.010 097	0.40	161.28
	0.010 86	0.013 037	0.20	80.64
	0.013 29	0.015 947	0.25	100.80
0.75	0.015 61	0.018 730	0.30	120.96
	0.017 84	0.021 413	0.35	141.12
	0.019 99	0.023 988	0.40	161.28

续表6.8

孔隙率	格子速度	物理速度	格子压差	物理压差
	0.016 33	0.019 599	0.20	80.64
	0.019 86	0.023 838	0.25	100.80
0.80	0.023 21	0.027 848	0.30	120.96
	0.026 37	0.031 648	0.35	141.12
	0.029 36	0.035 237	0.40	161.28

由表6.8中不同孔隙率下对应的物理速度和物理压差数据,分别进行数据拟合并得到如图6.26所示的油相泄漏污染物在三种孔隙率下物理单位的速度－压差拟合曲线。

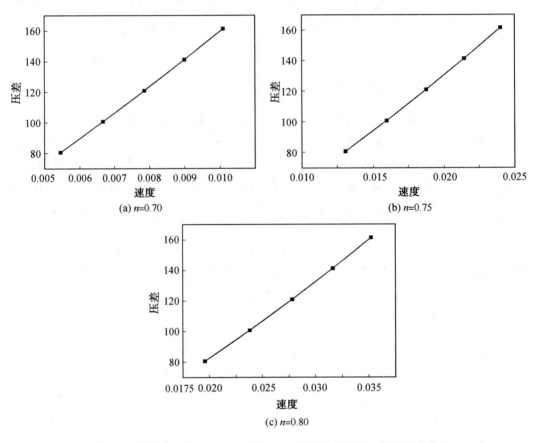

(a) $n=0.70$

(b) $n=0.75$

(c) $n=0.80$

图6.26　孔隙率n为0.70、0.75和0.80时石油的速度－压差拟合曲线

由图6.26数据拟合得出,孔隙率为0.70时油相污染物的"速度－压降"的曲线关系式为$\Delta p=13\ 422v+252\ 516.959\ 7v^2$,根据6.1.2节中黏性阻力系数和惯性阻力系数获取的计算方法得出,油相污染物的黏性阻力系数为6.711×10^8,惯性阻力系数为601.230 9;孔隙率为0.75时油相污染物的"速度－压降"的曲线关系式:$\Delta p=5\ 534v+49\ 464v^2$,经黏性阻力系数和惯性阻力系数获取的方法计算得出,油相污染物的黏性阻力系数为

2.767×10^8，惯性阻力系数为 117.77；孔隙率为 0.80 时油相污染物的"速度—压降"的曲线关系式为 $\Delta p=3\ 516v+299\ 45v^2$，经黏性阻力系数和惯性阻力系数获取的方法计算得出，油相污染物的黏性阻力系数为 1.758×10^8，惯性阻力系数为 71.297 6。

6.2.3　泄漏污染物在小孔隙率多孔介质中迁移的阻力系数

根据 6.2.1～6.2.2 节的多孔介质阻力系数的获取方法得到管道泄漏污染物在不同孔隙率下的黏性阻力系数和惯性阻力系数，通过拟合得出趋势线方程，并推测出实际土壤小孔隙率下土壤中泄漏污染物的黏性阻力系数和惯性阻力系数。

1. 土壤中水相污染物阻力系数

根据 6.2.1 节中得出的"速度—压降"的曲线关系求出不同孔隙率下多孔介质中水相污染物的黏性阻力系数和惯性阻力系数，进一步数据拟合得到阻力系数随着孔隙率变化曲线，由此得到小孔隙率下土壤中的水相污染物阻力系数，如图 6.27 所示。

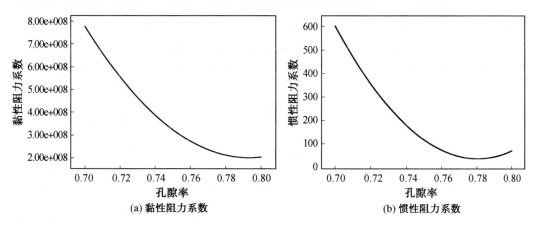

(a) 黏性阻力系数　　　　　　　(b) 惯性阻力系数

图 6.27　小孔隙率下水相污染物的阻力系数拟合曲线

由图 6.27 中的曲线可知土壤孔隙率为 0.30、0.35、0.40、0.45 时水相污染物的黏性阻力系数和惯性阻力系数，其值见表 6.9。

表 6.9　水在土壤中迁移的阻力系数

孔隙率	黏性阻力系数	惯性阻力系数
0.30	1.06×10^{10}	20 200.104
0.35	5.86×10^9	16 220.753
0.40	1.12×10^9	12 678.392
0.45	8.83×10^8	9 573.021

2. 土壤中油相污染物的阻力系数

基于 6.2.2 节中得出的"速度—压降"的曲线关系求出不同孔隙率下多孔介质中油相污染物的黏性阻力系数和惯性阻力系数，进一步数据拟合得到阻力系数随孔隙率变化的曲线,由此得到小孔隙率下土壤中的油相污染物阻力系数,如图 6.28 所示。

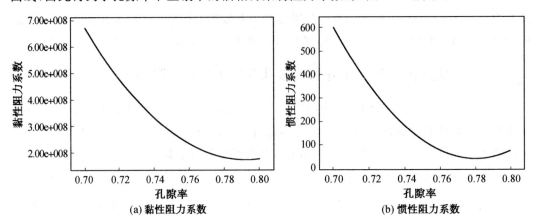

图 6.28 小孔隙率下油相污染物的阻力系数拟合曲线

由图 6.28 中的曲线可知土壤孔隙率为 0.30、0.35、0.40、0.45 时油相污染物的黏性阻力系数和惯性阻力系数,其值见表 6.10。

表 6.10 石油在土壤中迁移的阻力系数

孔隙率	黏性阻力系数	惯性阻力系数
0.30	1.84×10^{10}	20 200.055 1
0.35	1.59×10^{10}	16 220.696 0
0.40	1.36×10^{10}	12 678.326 8
0.45	1.16×10^{10}	9 572.947 6

6.3 本章小结

本章通过实验方法和格子 Boltzmann 方法获得了油水污染物在多孔介质中的黏性阻力系数和惯性阻力系数,具体研究过程小结如下。

(1)通过实验管段填充不同粒径玻璃小球模拟多孔介质区域,根据实验流体的不同,分别进行单相水实验Ⅰ(0.8~0.9 mm 粒径小球)、油水混合实验Ⅰ(0.8~0.9 mm 粒径小球)、单相水实验Ⅱ(0.8~0.9 mm、0.9~1.18 mm 混合粒径小球)、油水混合实验Ⅱ(0.8~0.9 mm、0.9~1.18 mm 混合粒径小球)。单相水在通过由 0.8~0.9mm 粒径组成的多孔介质区域时,受到的黏性阻力作用大于通过混合粒径所产生的黏性阻力作用,受到的惯性阻力作用小于通过混合粒径所产生的惯性阻力作用。水—白油 32# 混合液体在通过粒径大小为 0.8~0.9 mm 组成的多孔介质区域时,受到的黏性阻力作用小于通过混合粒径所产生的黏性阻力作用,受到的惯性阻力作用小于通过混合粒径所产生的惯性阻力作用。当粒径条件相同时,单相水受到的黏性阻力作用较大,受到的惯性阻力作用较小。

（2）基于格子 Boltzmann 方法模拟油相污染物和水相污染物迁移过程，得到其在不同孔隙率下的压差－流速关系，根据阻力系数计算方法获得了泄漏污染物的黏性阻力系数和惯性阻力系数，为后期进行 Fluent 仿真分析时使用黏性阻力系数和惯性阻力系数做数据准备。

本章参考文献

［1］张东辉，金峰，施明恒，等. 多孔介质渗流随机模型［J］. 应用科学学报，2003，21
　　（1）：88-92.

［2］陈盼，韦昌富，王吉利，等. 近饱和条件下非饱和多孔介质渗流过程的数值分析［J］.
　　岩土力学，2012，33(1)：295-300.

［3］夏兵兵，陈亮，高为壮，等. 多孔介质水体渗流特性研究［J］. 科学技术与工程，
　　2015，15(2)：284-289.

［4］韩光洁. 埋地燃气管道泄漏量计算及扩散规律研究［D］. 重庆：重庆大学，2014.

［5］ERGUN S. Fluid flow through packedcolumns［J］. Chemical Engineering Progress，
　　1952，48：89-94.

［6］谢龙汉，赵新宇，张炯明，等. ANSYS CFX 流体分析及仿真［M］. 北京：电子工业
　　出版社，2012.

［7］李鹏飞，徐敏义，王飞飞. 精通 CFD 工程仿真与案例实战［M］. 北京：人民邮电出版
　　社，2011.

［8］隋丹婷，陆道纲，任丽霞，等. 多孔介质方法在池式快堆系统分析软件 SAC-CFR 三
　　维钠池计算模型中的应用［J］. 原子能科学技术，2012，46(5)：549-554.

［9］刘文超，姚军，陈掌星，等. 低渗透多孔介质渗流动边界模型的解析与数值解［J］.
　　力学学报，2015，47(4)：605-612.

［10］钟小彦. 基于多孔介质模型和 VOF 法的渗流场数值模拟［D］. 西安：西安理工大
　　学，2010.

［11］董波. 非混相驱替过程的格子 Boltzmann 模拟［D］. 大连：大连理工大学，2011.

［12］CHAU J F. Linking drainage front morphology with gaseous diffusion in unsatu-
　　rated porous media：A lattice Boltzmann study［J］. Physical Review E Statistical
　　Nonlinear & Soft Matter Physics，2006，74(5)：056304(1-11).

第7章　泄漏污染物迁移特性分析

本章通过建立管道泄漏污染物迁移的一维和三维模型,模拟埋地管道污染物连续泄漏的迁移情况,模拟流体状况分为单相水、水—白油 32#混合液体、水—白油 32#—空气多相混合流动。分别讨论一维条件下不同时刻压降、密度、流体体积分数变化情况,三维空间条件下 yoz 截面上单相水、水—白油 32#作为流体时模拟区域内的温度、流体体积分数变化情况,以及三维条件下 yoz、xoz 截面上模拟区域内温度、单相水体积分数、白油 32#体积分数变化情况。

7.1　泄漏污染物连续注入一维迁移模型及求解分析

7.1.1　物理模型及模拟条件

1. 计算模型的建立

如图 7.1 所示,计算模型区域长为 100 m,四边形结构网格划分,网格总数为 2 000 个,选用压力基求解器,绝对速度方程,非稳态流体,一阶隐式非稳态方程,定义包含油气水三相流体的 VOF 多相流模型,设置工作流体的密度为较轻相的密度,可排除在较轻相中建立水静压力的计算,改善了动量平衡计算的精度。不计重力,选用标准 k—epsilon 黏性模型。

图 7.1　污染物一维迁移模型网格化示意图

2. 边界及初始条件

如图 7.2 所示,模型设置速度入口,进口速度 $v=0.5$ m/s,压力出口,出口表压 $p=0$。上边界温度为 293.15 K,下边界温度为 293.15 K,入口温度为 333.15 K,出口回流温度为 293.15 K。

图 7.2　污染物一维迁移模型边界示意图

3. 模拟工况

模拟工况参数见表 7.1。

表 7.1　模拟工况参数

实验条件	工况参数
实验流体	水—空气、水—白油 32#、水—白油 32#—空气
多孔介质孔隙率	0.29
多孔介质黏性阻力系数	$3.130\ 073 \times 10^9$
多孔介质惯性阻力系数	$1.018\ 9 \times 10^5$
水密度 $\rho/(kg \cdot m^{-3})(60\ ℃)$	983.2
白油 32# 密度 $\rho/(kg \cdot m^{-3})(60\ ℃)$	840
空气密度 $\rho/(kg \cdot m^{-3})(60\ ℃)$	1.225
水动力黏性系数 $\mu/(kg \cdot m^{-1} \cdot s^{-1})$	4.66×10^{-4}
白油 32# 动力黏性系数 $\mu/(kg \cdot m^{-1} \cdot s^{-1})$	0.02
空气动力黏性系数 $\mu/(kg \cdot m^{-1} \cdot s^{-1})$	$1.789\ 4 \times 10^{-5}$

7.1.2　数学模型

1. 质量守恒方程

根据流体微元体在单位时间内增加的质量等于同一时间间隔内进入该微元体的流体净质量,使用符号 ∇ 表示散度,得出单相流质量守恒方程:

$$\frac{\partial \rho}{\partial t} + \nabla \cdot (\rho u) = 0 \tag{7.1}$$

式中,ρ 为密度,kg/m^3;t 为时间,s;u 为速度矢量,m/s。

针对油水两相流的泄漏过程,增加连续控制方程:

$$\frac{\partial}{\partial t}(\rho_m) + \nabla \cdot (\rho_m u_m) = 0 \tag{7.2}$$

式中,u_m 为油水两相流平均流速,即 $u_m = \dfrac{\alpha_o \rho_o u_o + \alpha_w \rho_w u_w}{\rho_m}$,$m/s$;$\rho_m$ 为油水两相流密度,即 $\rho_m = \alpha_o \rho_o + \alpha_w \rho_w$,$kg/m^3$;$\alpha_o$、$\alpha_w$ 为油相、水相的体积分数;u_o、u_w 为油相、水相的流速,m/s;ρ_o、ρ_w 为油相、水相的密度,kg/m^3。

2. 动量守恒方程

根据微元体的动量对时间的变化率等于外界作用在微元上的各种力之和,可导出 x 方向的单相流动量守恒方程:

$$\frac{\partial}{\partial t}(\rho u_x) + \mathrm{div}(\rho u_x u) = -\frac{\partial p}{\partial r} + \frac{\partial \tau_x}{\partial x} + F_x \tag{7.3}$$

式中,p 为流体微元体上受到的压力,Pa;τ_x 为微元体表面的黏性应力分量;F_x 为微元体上的体积力,N。

对于牛顿流体,黏性应力 τ 与流体的变形率成正比:

$$\frac{\partial(\rho u_x)}{\partial t} + \mathrm{div}(\rho u_x u) = \mathrm{div}(\mu\,\mathrm{grad}\,u_x) - \frac{\partial p}{\partial x} + S_{u_x} \tag{7.4}$$

式中,S_{u_x} 为动量守恒方程的广义源项,$S_{u_x} = F_x + s_x$,s_x 通常为小量值,对于黏性为常数的不可压流体 $s_x = 0$。

考虑 Fluent 在处理多孔介质模型对动量方程的修正方法,得到动量守恒方程为

$$\frac{\partial(\rho u_x)}{\partial t} + \frac{\partial(\rho u_x u_x)}{\partial x} = \frac{\partial}{\partial x}\left(\mu\frac{\partial u_x}{\partial x}\right) - \frac{\partial p}{\partial x} + \left(\frac{\mu}{n}u_x + C_2\frac{1}{2}\rho\,|u_x|\,u_x\right) \tag{7.5}$$

3. 能量守恒方程

微元体中能量的增加率为进入微元体的净热能量和体积力与面积力对微元体所做的功之和,Fluent 的标准能量表达式为

$$\frac{\partial}{\partial t}(\rho E) + \nabla\cdot(u(\rho E + p)) = \nabla\cdot\left(\lambda_f\,\nabla T - \sum h_i J_i + (\tau_{eff}\cdot u)\right) + S_h \tag{7.6}$$

式中,S_h 为流体内热源。

流体能量 E 通常是由内能、动能和势能三项组成。由于动能在三项之中相对较小,从而认为可以忽略动能所引起的变化,且由于内能为温度和比热容的函数,得到以温度 T 为变量的流体能量守恒方程展开式:

$$\frac{\partial(\rho T)}{\partial t} + \frac{\partial(\rho u_x T)}{\partial x} = \frac{\partial}{\partial x}\left(\frac{\lambda_f}{c_p}\frac{\partial T}{\partial x}\right) + S_T \tag{7.7}$$

式中,T 为温度场,$T = T(x, y, t)$,K;λ_f 为流体的导热系数,W/(m·K);c_p 为比热容,J/(kg·K);S_T 为流体的黏性耗散项。

多孔介质中的能量方程中忽略压力功和动能的变化,且不考虑组分扩散项和热源项,得到内能守恒方程展开式:

$$\frac{\partial}{\partial t}(n\rho_f T_f + (1-n)\rho_s T_s) + \nabla\cdot(\rho_f u T_f) = \nabla\cdot\left(\left(n\frac{\lambda_f}{c_f} + (1-n)\frac{\lambda_s}{c_s}\right)\nabla T\right) \tag{7.8}$$

式中,ρ_f 为油水混合流体密度,$\rho_f = \alpha_o\rho_o + \alpha_w\rho_w$,kg/m³;$n$ 为多孔介质的孔隙率;ρ_s 为土壤多孔介质固壁密度,kg/m³;λ_f 为油水混合流体导热系数,即 $\lambda_f = \alpha_o\lambda_o + \alpha_w\lambda_w$,W/(m·K);$\lambda_s$ 为土壤多孔介质固壁的导热系数,W/(m·K);c_f 为油水混合流体比热容,$c_f = \alpha_o c_o + \alpha_w c_w$,J/(kg·k);$c_s$ 为土壤多孔介质固壁比热容,J/(kg·K);T 为大地温度场,$T = T(x, y, t)$,K;T_f 为油水两相流温度,K;T_s 为土壤多孔介质固壁温度,K;u_m 为油水混合流体平均流速,$u_m = \dfrac{\alpha_o\rho_o u_o + \alpha_w\rho_w u_w}{\rho_m}$,m/s,$\alpha_o$、$\alpha_w$ 为油相、水相的体积分数,ρ_o、ρ_w 为油相、水相的密度,kg/m³,c_o、c_w 为油相、水相的比热容,kJ/(kg·K)。

7.1.3 结果分析

1. 水—空气两相混合流动情况

如表 7.1 参数设置,模型进口速度 $v=0.5$ m/s,出口表压 $p=0$。水相从入口以 $v=0.5$ m/s 速度进入,不计重力,沿 x 轴正向流动,流动区域为 100 m×5 m。入口处水的体积分数为 100%,出口处空气回流体积分数为 0,初始时模拟场内空气的体积分数为 100%。

如图 7.3 所示为不同时刻条件下,多孔介质区域内压降随迁移污染物迁移方向上距离的变化情况。随时间不断增加,压降变化逐渐增大,从 $t=1$ s 时的 2.71×10^7 Pa,增加至 $t=58$ s 时的 1.33×10^9 Pa,并且当 $t=58.5$ s 时压降变化至 1.33×10^9 Pa,当 $t=60$ s 时压降变化为 1.33×10^9 Pa,此后随着时间 t 的增加,压降均无变化。

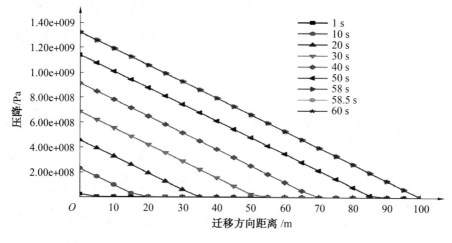

图 7.3 不同时刻压力变化图

如图 7.4 所示,初始状态时,多孔介质区域内的温度恒定为 293 K,当水相流体开始通过时,随着时间的增加,区域内的温度随着水相流体的不断流入,由入口开始沿流动方向逐渐升高至 333 K,温度变化逐渐减慢,增加至 58.5 s 后温度变化不再明显。

如图 7.5 和图 7.6 所示,水相通过多孔介质区域时,区域内最初流体为充满空气,初始时刻多孔介质区域内的密度为 1.225 kg/m³,初始时刻区域内水相体积分数为 0,随着时间增加,区域内水相体积分数逐渐升高,区域内的空气体积分数相对逐渐减少,当 $t=58$ s 时,出口处水相体积分数为 99.25%;当 $t=58.5$ s 时出口处水相体积分数为 100%,并随时间不断增大而不再发生变化。

2. 水—白油 32# 两相流动情况

如表 7.1 参数设置,模型设置水—白油 32# 混合液体(体积比 2∶1),从入口以 $v=0.5$ m/s 速度进入,压力出口,出口表压 $p=0$。不计重力,沿 X 轴正向流动,流动区域为 100 m×5 m。入口处第二相水的体积分数为 66%,出口处第二相水的回流体积分数

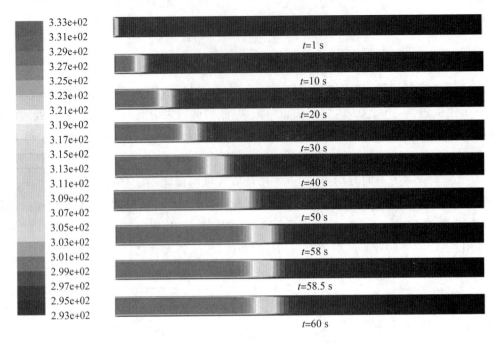

图 7.4　不同时刻温度变化云图

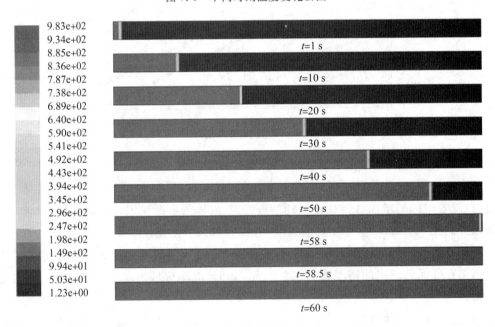

图 7.5　不同时刻密度变化云图

为 0，初始时模拟场内第二相水的体积分数为 100%。

　　如图 7.7 所示为不同时刻条件下，多孔介质区域内压降随迁移污染物迁移方向上距离的变化情况。随时间不断增加，压降变化逐渐增大，从 $t=1$ s 时的 1.34×10^9 Pa，增加至 $t=58$ s 时的 2.30×10^9 Pa，并且当 $t=58.5$ s 时压降变化为 2.30×10^9 Pa，当 $t=60$ s 时

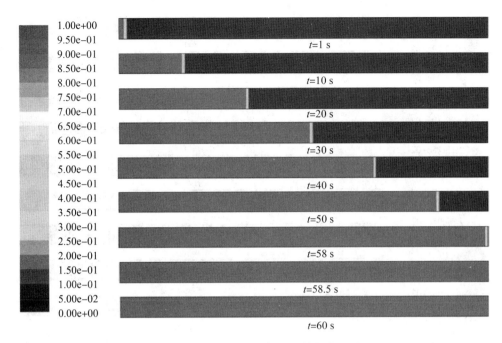

图 7.6　不同时刻水相体积分数变化云图

压降变化为 $2.30 \times 10^9 \, \text{Pa}$，此后随着时间 t 的增加，压降均无变化。

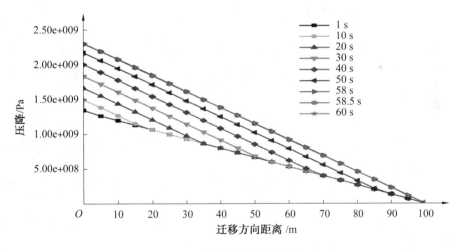

图 7.7　不同时刻压力变化图

如图 7.8 所示，初始状态时，多孔介质区域内的温度恒定为 293 K，当水相流体开始通过时，随着时间的增加，区域内的温度随着水相流体的不断流入，由入口开始沿流动方向逐渐升高至 333 K，温度变化逐渐减慢，增加至 58.5 s 后温度变化不再明显。

如图 7.9 和图 7.10 所示，水－白油 32$^{\#}$ 通过多孔介质区域时，区域内最初流体为充满空气，初始时刻多孔介质区域内的密度为 $1.225 \, \text{kg/m}^3$，初始时刻区域内水相体积分数为 0，随着时间增加，区域内水－白油 32$^{\#}$ 体积分数逐渐升高，区域内的空气体积分数相

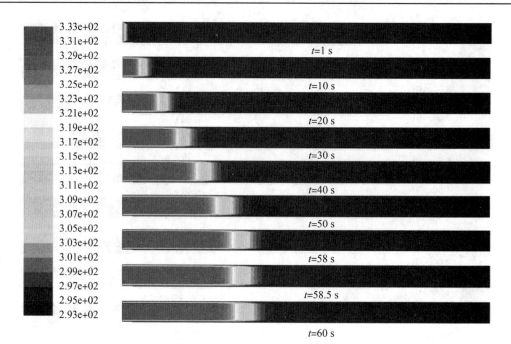

图 7.8 不同时刻温度变化云图

对逐渐减少,由于水—白油 32# 为不互溶混合液体,所以当混合流体流经多孔介质区域时,区域内的密度和混合液体的体积分数与迁移距离呈非线性变化。

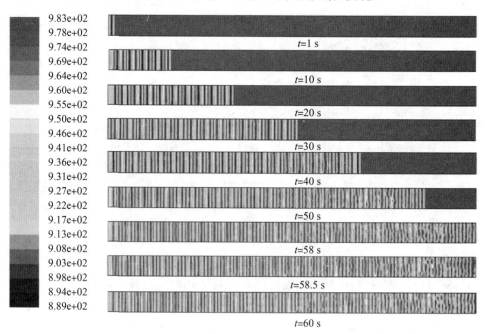

图 7.9 不同时刻密度变化云图

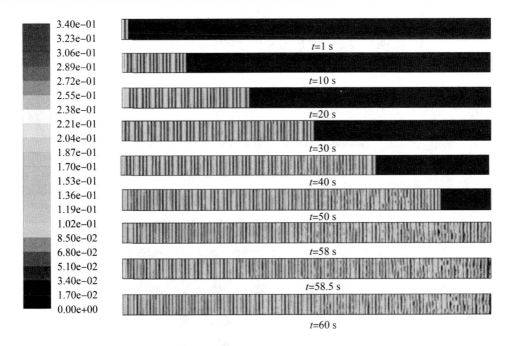

图 7.10　不同时刻白油 32# 体积分数变化云图

3. 水—白油 32#—空气多相流动情况

如表 7.1 参数设置,模型设置水—白油 32# 混合液体(体积比 2∶1),从入口速度以 $v=0.5$ m/s,压力出口,出口表压 $p=0$。不计重力,沿 x 轴正向流动,流动区域为 100 m×5 m。入口处第二相白油 32# 的体积分数为 33%,入口处第二相空气的体积分数为 1%,出口处第二相空气的回流体积分数为 0,初始时模拟场内第二相空气的体积分数为 100%。

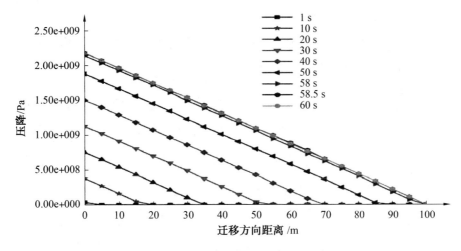

图 7.11　不同时刻压力变化图

如图 7.11 所示为不同时刻条件下,多孔介质区域内压降随迁移污染物迁移方向上距离的变化情况。随时间不断增加,压降变化呈现逐渐增大趋势,从 $t=1$ s 时的 $4.33\times$

10^7 Pa，$t=57$ s 时的 $2.14×10^9$ Pa，增加至 $t=58$ s 时的 $2.17×10^9$ Pa，当 $t=60$ s 时压降变化为 $2.17×10^9$ Pa，表明当混合流体达到多孔介质出口边界后压降有所降低。

如图 7.12 所示，初始状态时，多孔介质区域内的温度恒定为 293 K，当水相流体开始通过时，随着时间的增加，区域内的温度随着水相流体的不断流入，由入口开始沿流动方向逐渐升高至 333 K，温度变化逐渐减慢，增加至 57 s 后温度变化不再明显。

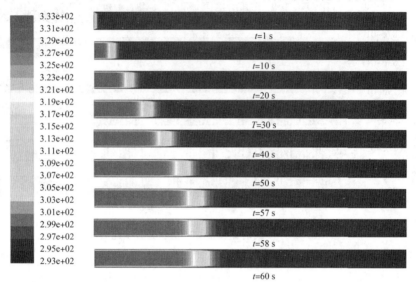

图 7.12　不同时刻温度变化云图

如图 7.13～7.15 所示，$t=57$ s 时多孔介质出口边界密度为 1.225 kg/m³，空气的体积分数为 100%，$t=58$ s 时多孔介质边界密度为 958.51 kg/m³，水相体积分数为 97.485%，白油 32# 体积分数为 0，空气的体积分数为 2.515%，$t=60$ s 时出口边界密度为 983.2 kg/m³，水相体积分数为 100%。

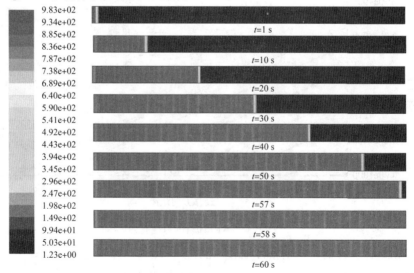

图 7.13　不同时刻密度变化云图

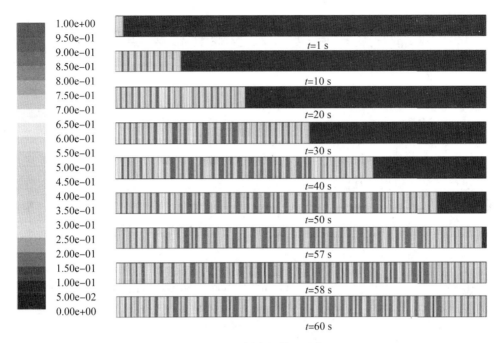

图 7.14　不同时刻水相体积分数云图

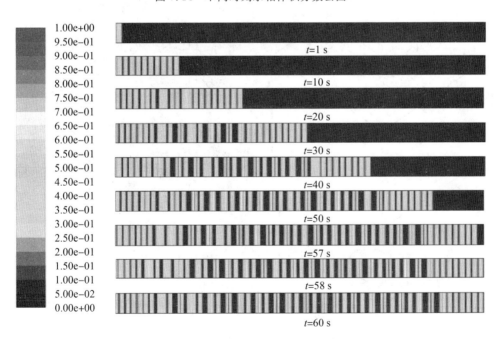

图 7.15　不同时刻白油 32# 体积分数云图

7.2 泄漏污染物连续注入多维迁移模型及求解分析

7.2.1 概念模型建立

1. 计算模型的建立

模拟三维空间条件下,埋地管道内流体通过管道泄漏口流出,再模拟多孔介质区域内迁移的变化情况。模拟计算区域为 $8\,m\times8\,m\times8\,m$ 立方体区域,如图 7.16 所示,管道直径 $D=0.84\,m$,管道长 $L=8\,m$,泄漏入口直径 $d=0.02\,m$,管道沿 x 轴方向平行设置,z 轴垂直通过泄漏口圆心处,管道距离模拟区域顶面垂直距离 $h=1\,m$。

2. 计算区域网格划分

如图 7.17 所示,采用三角形非结构网格,在泄漏口处采用局部面网格形式,在模拟空间区域采用整体体网格形式,网格步长为 $0.1\,mm$,网格总数为 60 159 个。

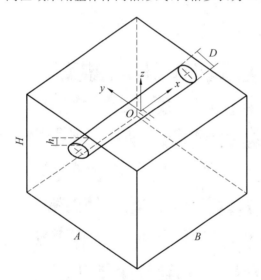

图 7.16 埋地管道泄漏模型结构　　　　图 7.17 埋地管道泄漏网格结构图

3. 边界条件、初始条件

$$v\Big|_{t=0}=0.5\,m/s \text{——入口速度;}$$

$$T\Big|_{t=0}=333.15\,K \text{——泄漏入口处温度;}$$

$$p\Big|_{x=\pm4}=p\Big|_{y=\pm4}=p\Big|_{z=1.42}=p\Big|_{z=6.58}=0 \text{——模拟区域壁面压降;}$$

$$T\Big|_{\substack{t=0\\x=\pm4.0}}=T\Big|_{\substack{t=0\\y=\pm4.0}}=T\Big|_{\substack{t=0\\z=1.42}}=T\Big|_{\substack{t=0\\z=-6.58}}=293.15\,K \text{——模拟区域壁面温度。}$$

4. 模拟工况

模拟工况同连续注入一维迁移模拟,见表7.1所示模拟工况参数。

7.2.2　数学模型

1. 质量守恒方程

单位时间内流体微元体中质量的增加,等于同一时间间隔内流入该微元体的净质量。按照这一定律,可以得出质量守恒方程:

$$\frac{\partial \rho}{\partial t} + \frac{\partial (\rho u_x)}{\partial x} + \frac{\partial (\rho u_y)}{\partial y} + \frac{\partial (\rho u_z)}{\partial z} = 0 \tag{7.9}$$

式中,ρ 为水相密度,kg/m^3;t 为时间,s;u 为速度矢量,m/s,u_x、u_y 和 u_z 为速度矢量 u 在 x、y 和 z 方向的分量,m/s。

2. 动量守恒方程

动量守恒定律可以表述为:微元体的动量对时间的变化率等于外界作用在微元上的各种力之和。该定律实际上就是牛顿第二定律,并考虑到 Fluent 在处理多孔介质模型对动量方程的修正方法,将其考虑到方程标准动量方程中,并考虑重力影响可导出 x、y 和 z 方向的动量守恒方程:

$$\frac{\partial (\rho u_x)}{\partial t} + \frac{\partial (\rho u_x u_x)}{\partial x} + \frac{\partial (\rho u_x u_y)}{\partial y} + \frac{\partial (\rho u_x u_z)}{\partial z} =$$
$$\frac{\partial}{\partial x}\left(\mu \frac{\partial u_x}{\partial x}\right) + \frac{\partial}{\partial y}\left(\mu \frac{\partial u_x}{\partial y}\right) + \frac{\partial}{\partial z}\left(\mu \frac{\partial u_x}{\partial z}\right) - \frac{\partial p}{\partial x} + \left(\frac{\mu}{n}u_x + C_2 \frac{1}{2}\rho |u_x| u_x\right) \tag{7.10}$$

$$\frac{\partial (\rho u_y)}{\partial t} + \frac{\partial (\rho u_y u_x)}{\partial x} + \frac{\partial (\rho u_y u_y)}{\partial y} + \frac{\partial (\rho u_y u_z)}{\partial z} =$$
$$\frac{\partial}{\partial x}\left(\mu \frac{\partial u_y}{\partial x}\right) + \frac{\partial}{\partial y}\left(\mu \frac{\partial u_y}{\partial y}\right) + \frac{\partial}{\partial z}\left(\mu \frac{\partial u_y}{\partial z}\right) - \frac{\partial p}{\partial y} + \left(\frac{\mu}{n}u_y + C_2 \frac{1}{2}\rho |u_y| u_y\right) - \rho g \tag{7.11}$$

$$\frac{\partial (\rho u_z)}{\partial t} + \frac{\partial (\rho u_z u_x)}{\partial x} + \frac{\partial (\rho u_z u_y)}{\partial y} + \frac{\partial (\rho u_z u_z)}{\partial z} =$$
$$\frac{\partial}{\partial x}\left(\mu \frac{\partial u_z}{\partial x}\right) + \frac{\partial}{\partial y}\left(\mu \frac{\partial u_z}{\partial y}\right) + \frac{\partial}{\partial z}\left(\mu \frac{\partial u_z}{\partial z}\right) - \frac{\partial p}{\partial z} + \left(\frac{\mu}{n}u_z + C_2 \frac{1}{2}\rho |u_z| u_z\right) \tag{7.12}$$

式中,ρ 为流体密度,kg/m^3;u_x、u_y 和 u_z 为速度矢量 u 在 x、y 和 z 方向的分量,m/s;μ 为动力黏度系数,$Pa \cdot s$;p 为流体微元体上的压力,Pa;n 为多孔介质的孔隙率;C_2 为系数矩阵。

3. 能量守恒方程

微元体中能量的增加率等于进去微元体的净热流量加上体力与面力对微元体所做的功,所有包括热交换的流动系统都满足能量守恒定律,定律展开式为

$$\frac{\partial (n \rho_f T_f)}{\partial t} + \frac{\partial ((1-n) \rho_s T_s)}{\partial t} + \frac{\partial (\rho_f u_x T)}{\partial x} + \frac{\partial (\rho_f u_y T)}{\partial y} + \frac{\partial (\rho_f u_z T)}{\partial z} =$$

$$\left(n\frac{\lambda_f}{c_f} + (1-n)\frac{\lambda_s}{c_s}\right) \cdot \left(\frac{\partial}{\partial x}\left(\frac{\partial T}{\partial x}\right) + \frac{\partial}{\partial y}\left(\frac{\partial T}{\partial y}\right) + \frac{\partial}{\partial z}\left(\frac{\partial T}{\partial z}\right)\right) \right) \qquad (7.13)$$

式中，n 为多孔介质的孔隙率；ρ_f 为流体密度，$\mathrm{kg/m^3}$；ρ_s 为多孔介质固壁密度，$\mathrm{kg/m^3}$；λ_f 为流体导热系数，$\mathrm{W/(m \cdot K)}$；λ_s 为多孔介质固壁导热系数，$\mathrm{W/(m \cdot K)}$；c_f 为流体比热容，$\mathrm{J/(kg \cdot K)}$；c_s 为多孔介质固壁比热容，$\mathrm{J/(kg \cdot K)}$；T 为模拟区域顶面温度，即 $T = T(x,y,t)$，K；T_f 为流体温度，K；T_s 为多孔介质固壁温度，K；u_x、u_y、u_z 分别为速度 u 在 x、y 和 z 方向上的分量，$\mathrm{m/s}$。

7.2.3 结果分析

1. 水—空气两相混合流动情况

如表 7.1 所示参数设置，模型泄漏口为速度入口，模拟多孔介质空间区域的上下及四周壁面为压力出口，出口表压 $p=0$。水相以 $v=0.5\ \mathrm{m/s}$ 速度进入，重力方向为 z 轴负方向。入口处水的体积分数为 100%，出口处空气回流体积分数为 0，初始时模拟场内空气的体积分数为 100%。

如图 7.18 所示，在垂直于埋地管道设置的 x 轴方向上，选取截面 yoz 作为模拟分析面。初始时刻 $t=0\ \mathrm{s}$ 时，泄漏口周围无水相泄漏，泄漏口周围温度为初始 293.15 K；$t=10\ \mathrm{s}$ 时，泄漏口处开始发生温度变化，由泄漏口处沿管道外壁向两侧改变，温度由泄漏口处的 333.15 K 由内至外逐渐降低至 293.15 K，并不断向空间区域扩散；至 $t=900\ \mathrm{s}$ 时，温度变化影响已达到模拟空间区域的底面，温度变化场主要发生在从泄漏口处周围管壁垂直向下的圆柱形区域内，温度大小由内及外呈环状形式，由 333.15 K 递减至 293.15 K。

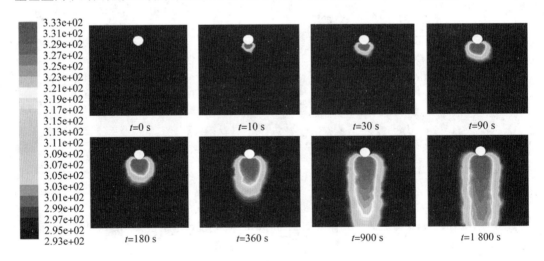

图 7.18 yoz 面温度变化云图

如图 7.19 和图 7.20 所示，分别选取截面 yoz 和 xoz 为水相体积分数变化分析面。初始时刻 $t=0\ \mathrm{s}$ 时，泄漏口处无水相体积含量，$t=10\ \mathrm{s}$ 时，泄漏口周围沿管壁开始泄漏，并在重力作用下逐渐向泄漏口下方泄漏，$t=360\ \mathrm{s}$ 时，水相体积分数变化已达到模拟区域底部,并由内及外逐渐降低,此后随时间变化稳定泄漏。

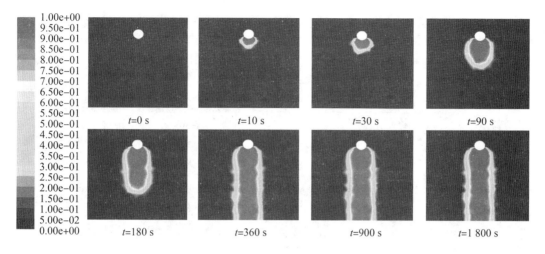

图 7.19　yoz 面水相体积分数变化云图

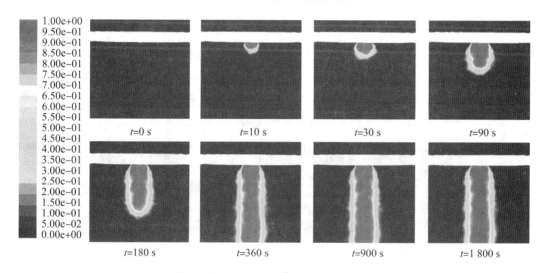

图 7.20　xoz 面水相体积分数变化云图

2. 水—白油 32# 两相流动情况

如表 7.1 所示参数设置,模型设置泄漏口处为速度入口,模拟多孔介质空间区域的上下及四周壁面为压力出口,出口表压 $p=0$。白油 32# 以 $v=0.5$ m/s 速度进入,重力方向为 z 轴负方向。入口处第二相水的体积分数为 66%,出口处第二相水的回流体积分数为 0,初始时模拟场内第二相水的体积分数为 100%。

如图 7.21 所示,在垂直于埋地管道设置的 x 轴方向上,选取截面 yoz 作为模拟分析面。初始时刻 $t=0$ s 时,泄漏口周围温度为初始 293.15 K。$t=10$ s 时,泄漏口处开始发生温度变化,由泄漏口处沿管道外壁向水平两侧改变,温度由泄漏口处的 333.15 K 由内至外逐渐降低至 293.15 K,并不断绕过管道向两侧区域延伸,至 $t=360$ s 时,管道两侧温度变化明显,形成中间高两侧逐渐降低的温度变化梯度,并逐渐扩大影响范围。

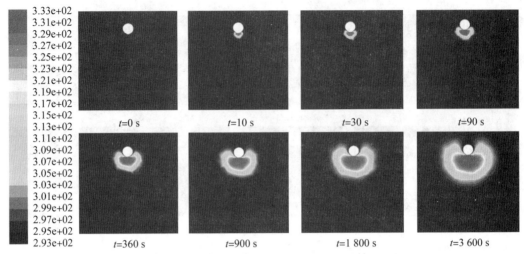

图 7.21　yoz 面温度变化云图

如图 7.22 和图 7.23 所示,分别选取截面 yoz 和 xoz 为白油 $32^{\#}$ 体积分数变化分析面。初始时刻 $t=0$ s 时,泄漏口处无泄漏,$t=10$ s 时,泄漏口周围沿管壁开始泄漏,并在重力作用下呈圆形泄漏区域变化;$t=360$ s 时,白油 $32^{\#}$ 已绕过管道迁移至管道上方区域,沿管道铺设方向迁移,范围逐渐扩大;$t=900$ s 时,白油 $32^{\#}$ 迁移变化已达到模拟区域顶面,并由内及外逐渐降低,此后随时间变化水平方向上泄漏范围不断扩大。

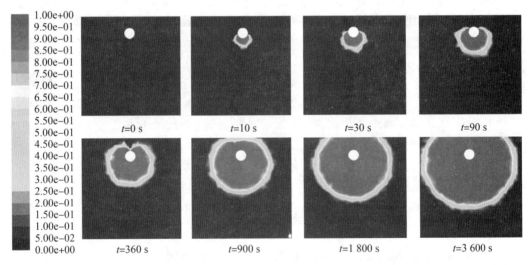

图 7.22　yoz 面白油 $32^{\#}$ 体积分数变化云图

3. 水—白油 $32^{\#}$—空气多相流动情况

如表 7.1 所示参数设置,模拟多孔介质空间区域的上下及四周壁面为压力出口,水和白油 $32^{\#}$ 的混合物以 $v=0.5$ m/s 速度进入,重力方向为 z 轴负方向。入口处第二相白油 $32^{\#}$ 的体积分数为 33%,空气的体积分数为 1%,出口处第二相白油 $32^{\#}$ 的回流体积分数

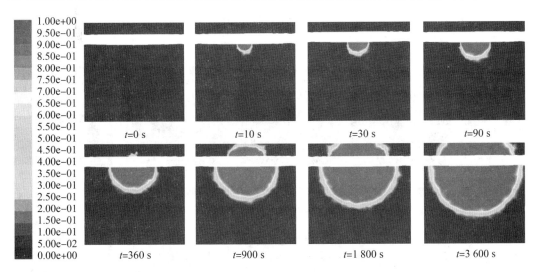

图 7.23　xoz 面白油 32# 体积分数变化云图

为 0,空气的回流体积分数为 100%,初始时模拟场内空气的体积分数为 100%。

如图 7.24 所示,在垂直于埋地管道设置的 x 轴方向上,选取截面 yoz 作为模拟分析面。初始时刻 $t=0$ s 时,泄漏口周围温度为初始 293.15 K;$t=10$ s 时,泄漏口处开始发生温度变化,由泄漏口处沿管道外壁向水平两侧改变,温度由泄漏口处的 333.15 K 由内至外逐渐降低至 293.15 K,水平方向发生变化后逐渐向管道两侧上方变化,并不断绕过管道向两侧区域延伸;至 $t=360$ s 时,温度变化至管道上方后,开始逐渐向下方变化。

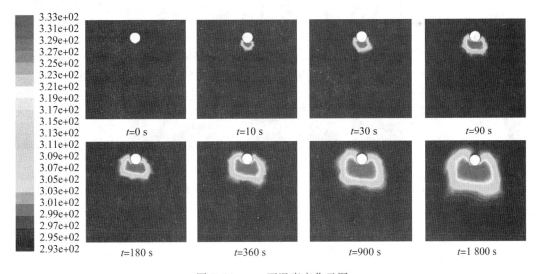

图 7.24　yoz 面温度变化云图

如图 7.25 和图 7.26 所示,分别选取截面 yoz 和 xoz 为水相体积分数变化分析面。初始时刻 $t=0$ s 时,泄漏口处无泄漏;$t=10$ s 时,泄漏口周围沿管壁开始泄漏,并在重力作用下呈圆形泄漏区域变化,泄漏口正下方迁移速度明显快于泄漏口两侧;$t=360$ s 时,水相已绕过管道迁移至管道上方区域,向下迁移已达到模拟区域底部,并且向下迁移范围呈区域不规则变化；$t=900$ s 时，管道上方区域水相体积分数较大，泄漏口正下方体积分数逐渐降低，并逐渐向两侧迁移。

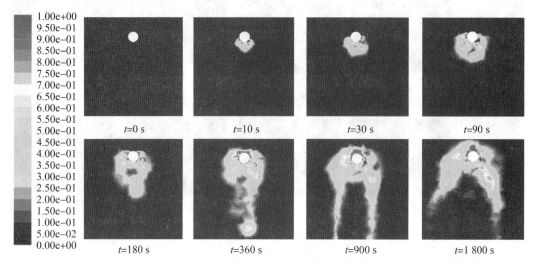

图 7.25 yoz 面水相体积分数变化云图

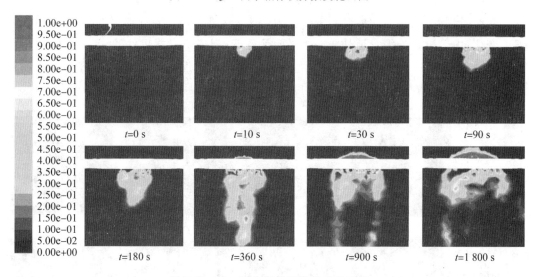

图 7.26 xoz 面水相体积分数变化云图

如图 7.27 和图 7.28 所示，分别选取截面 yoz 和 xoz 为白油 32# 体积分数变化分析面。初始时刻 $t=0$ s 时，泄漏口处无泄漏；$t=10$ s 时，泄漏口周围沿管壁开始泄漏；$t=360$ s 时，白油 32# 已绕过管道迁移至管道上方区域，并在重力作用下逐渐向下迁移，管道泄漏口下方区域白油 32# 体积分数逐渐增大。

由图 7.18、图 7.21 和图 7.24 可以看出：泄漏初期，泄漏口处温度均呈现液滴状由内及外变化，且变化程度不明显。$t=360$ s 时，水－空气混合流动的温度场沿泄漏口水平方向由内至外逐渐降低；水－白油 32# 混合的温度场变化范围较小，且垂直方向上的变化程度大于水平方向上的变化梯度，温度场呈现锥形趋势；水－白油 32#－空气多相流动的温

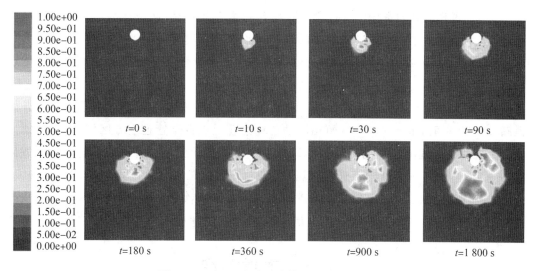

图 7.27　yoz 面白油 $32^{\#}$ 体积分数变化云图

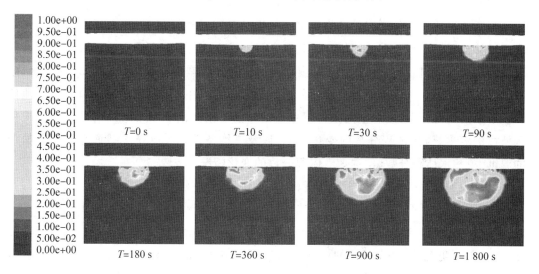

图 7.28　xoz 面白油 $32^{\#}$ 体积分数变化云图

度场,水平方向上的变化梯度大于垂直方向上的变化梯度,并开始逐渐向管道外壁两侧上方延伸。$t=1\,800$ s 时,水－空气混合流动的温度场变化已达到模拟空间区域的底部,且主要发生在从泄漏口处周围管壁垂直向下的圆柱形区域内;水－白油 $32^{\#}$ 混合流动的温度变化场已绕过管道外壁两侧向上延伸,且呈上宽下窄的弧形边界区域;水－白油 $32^{\#}$－空气多相流动的温度场变化集中在管道下方两侧区域,且呈上窄下宽的梯形边界区域。

　　由图 7.19、图 7.20、图 7.25 和图 7.26 可以看出:泄漏初期,水－空气混合流动的泄漏口周围沿管壁开始泄漏,并在重力作用下逐渐向泄漏口下方泄漏;水－白油 $32^{\#}$－空气多相流动的泄漏口周围沿管壁开始泄漏,并在重力作用下呈圆形泄漏区域变化,泄漏口正下方迁移速度明显快于泄漏口两侧。$t=360$ s 时,水－空气混合流动的水相体积分数变化已达到模拟区域底部,并由内及外逐渐降低,此后随时间变化稳定泄漏;水　白油

32#—空气多相流动的水相已绕过管道迁移至管道上方区域,向下迁移已达到模拟区域底部。$t=1\,800$ s时,水—空气流体的水相体积分数变化稳定;水—白油32#—空气多相流动的管道上方区域水相体积分数较大,泄漏口下方体积分数逐渐降低,并逐渐向两侧迁移。

由图7.22、图7.23、图7.27和图7.28可以看出:泄漏初期,泄漏口周围沿管壁开始泄漏;$t=360$ s时,水—白油32#两相流动已绕过管道迁移至管道上方区域,沿管道铺设方向上迁移范围逐渐扩大;水—白油32#—空气多相流动已绕过管道迁移至管道上方区域,并在重力作用下逐渐向下迁移,管道泄漏口下方区域白油32#体积分数逐渐增大。$t=1\,800$ s时,白油32#—空气围绕管道周围呈现圆形对称分布;水—白油32#—空气的泄漏口下方白油32#体积分数相对较大,管道上方分布较少,整体变化区域呈椭圆分布。

7.3 本章小结

本章通过建立管道泄漏污染物迁移的一维和三维模型,模拟埋地管道污染物连续泄漏的迁移情况,模型泄漏口为速度入口 $v=0.5$ m/s,模拟多孔介质空间区域的上下及四周壁面为压力出口,出口表压 $p=0$。模拟流体状况分为单相水、水—白油32#混合液体、水—白油32#—空气多相混合流动。分别讨论了一维条件下不同时刻的压降、密度、流体体积分数的变化情况;三维空间条件下 yoz 截面上单相水、水—白油32#作为流体时模拟区域内的温度、流体体积分数的变化情况;以及三维条件下 yoz、xoz 截面上模拟区域内的温度、单相水体积分数、白油32#体积分数的变化情况。

结果表明,连续注入一维迁移模型模拟计算,水—空气混合流动时,模拟压降从 $t=1$ s时的 2.71×10^7 Pa不断增加,并且当 $t=58.5$ s时压降变化至 1.33×10^9 Pa,当 $t=60$ s时压降变化为 1.33×10^9 Pa,此后随着时间 t 的增加,压降均无变化。水—白油32#两相流动时,压降变化从 $t=1$ s时的 1.34×10^9 Pa不断增加,当 $t=58.5$ s时压降变化至 2.30×10^9 Pa,当 $t=60$ s时压降变化为 2.30×10^9 Pa,此后随着时间 t 的增加,压降均无变化。水—白油32#—空气多相流动时,压降从 $t=1$ s时的 4.33×10^7 Pa,$t=57$ s时的 2.14×10^9 Pa,增加至 $t=58$ s时的 2.17×10^9 Pa,当 $t=60$ s时压降变化为 2.17×10^9 Pa,当混合流体达到多孔介质出口边界后压降有所降低。

连续注入多维迁移模型模拟计算中,水—空气混合流动时,随时间增加,泄漏口周围沿管壁开始泄漏,并在重力作用下逐渐向泄漏口下方泄漏,并逐渐达到模拟区域底部,此后随时间变化稳定泄漏。水—白油32#两相流动时,随时间增加,泄漏口周围沿管壁开始泄漏,白油32#绕过管道迁移至管道上方区域,沿管道铺设方向上迁移范围逐渐扩大,达到模拟区域顶面后随时间变化水平方向上泄漏范围不断扩大。水—白油32#—空气多相流动时,随时间增加,白油32#绕过管道迁移至管道上方区域,并在重力作用下逐渐向下迁移,管道泄漏口下方区域白油32#体积分数逐渐增大。

本章参考文献

[1] 全国石油产品和润滑剂标准化技术委员会石油蜡类产品标准化分技术委员会. 工业白油 NB/SH/T006—2017[S]. 北京：中国石化出版社，2017.

[2] 邢畅. 埋地输油管道泄漏过程多相流传热分析[D]. 大庆：东北石油大学，2012.

[3] 陈伟，吴晓红. 质量守恒定律与能量守恒定律的对比分析与系统整合[J]. 中学化学教学参考，2015(10):16-18.

[4] 刘洋. 埋地输油管道泄漏污染物迁移过程仿真研究[D]. 大庆：东北石油大学，2015.

第 8 章　泄漏污染物迁移影响因素分析

本章将介观模拟得到的污染物在土壤中的阻力系数引入 Fluent 仿真软件,对埋地输油管道泄漏污染物在土壤中的宏观迁移过程进行仿真计算。在仿真计算中,首先确定了埋地输油管道泄漏污染物迁移计算区域,通过分析笔者所在课题组前期的研究成果确定了计算的边界条件和初始条件,通过 Fluent 软件分析埋地输油管道泄漏污染物在土壤中的宏观迁移特性,并研究泄漏口位置和大小、土壤孔隙率、泄漏速度等泄漏条件对污染物迁移的影响。

8.1　泄漏污染物宏观迁移模型

通过分析埋地输油管道泄漏污染物迁移特点,将其物理模型简化为一个矩形计算区域。根据过去学者的研究,在距离埋地输油管道一定深度处土壤压力与同等深度的大地自然初始压力相近。埋地输油管道泄漏污染物迁移模型如图 8.1 所示,xoy 直角坐标轴,管道覆土埋深为 S,只研究埋地输油管道存在泄漏点的 xoy 横截面上的泄漏迁移过程。

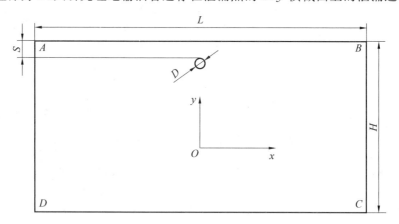

图 8.1　埋地输油管道泄漏模型结构示意图

8.1.1　数学模型

1.质量守恒方程

$$\frac{\partial}{\partial t}(\rho_{\mathrm{m}}) + \nabla \cdot (\rho_{\mathrm{m}} u_{\mathrm{m}}) = 0 \tag{8.1}$$

式中,u_{m} 为油水多相流平均流速,$u_{\mathrm{m}} = \dfrac{\alpha_{\mathrm{o}}\rho_{\mathrm{o}}u_{\mathrm{o}} + \alpha_{\mathrm{w}}\rho_{\mathrm{w}}u_{\mathrm{w}}}{\rho_{\mathrm{m}}}$,m/s;$\rho_{\mathrm{m}}$ 为油水多相流密度,$\rho_{\mathrm{m}} =$

$\alpha_o\rho_o + \alpha_w\rho_w$，$kg/m^3$；$u_o$、$u_w$ 为油相、水相的流速，m/s；ρ_o、ρ_w 为油相、水相的密度，kg/m^3。

2. 动量守恒方程

$$\frac{\partial}{\partial t}(\rho_m u_m) + \nabla \cdot (\rho_m u_m u_m) = -\nabla p + \nabla \cdot [\mu_m(\nabla u_m + \nabla u_m^T)] +$$

$$\rho_m g + F + \nabla \cdot \left(\sum_{k=1}^{3} \alpha_k \rho_k u_{dr,k} u_{dr,k}\right) \tag{8.2}$$

式中，∇p 为流动压差，Pa；μ_m 为多相流体的黏度，$\mu_m = \alpha_o\mu_o + \alpha_w\mu_w$，$kg/(m \cdot s)$，$\mu_o$、$\mu_w$ 为油相、水相的黏度，$kg/(m \cdot s)$；$u_{dr,k}$ 为第 k 相流体相对于多相流体的驱动速度，即 $u_{dr,k} = u_k - u_m$，m/s；F 为体积力，N。

8.1.2　模型的边界条件

如图 8.1 所示，在模拟中 $L = 20\ m$，$H = 10\ m$，埋地输油管道直径 $D = 600\ mm$，管道埋深 $S = 1\ m$。上下边界采用压力出口，上层为大气压力，采用绝对压力 0 MPa，最下层采用 98 100 Pa，左右边界采用压力梯度函数。管道的周围采用 WALL 条件设置，泄漏口采用速度入口。在 Fluent 软件中对边界条件进行设置，见表 8.1。

表 8.1　边界条件设置

边界	泄漏后边界条件/属性
地表	压力出口/0 Pa
左边界	压力出口/UDF(P)
右边界	压力出口/UDF(P)
下边界	压力出口/98 100 Pa
管道外壁	WALL
泄漏口	速度入口

左右边界的 UDF 程序如下：

```
#include"udf.h"
DEFINE_PROFILE(pressure_profile,t,i)
{   real x[ND_ND];
    real y;
    face_t f;
    begin_f_loop(f,t)
    {   F_CENTROID(x,f,t); y=x[1];
        F_PROFILE(f,t,i)=49050-9810*y;   }
end_f_loop(f,t)   }
```

8.2 泄漏污染物迁移影响因素分析

在埋地长输管道中成品油含油量达到 99% 以上,目前含水率已经低至 0.75%,本书采用的油水比例为 99:1。本节针对埋地输油管道泄漏污染物迁移进行模拟,水的黏度系数为 0.001 003 kg/(m·s),石油的黏度系数为 0.003 kg/(m·s),石油的密度为 840 kg/m³,水的密度为 998.1 kg/m³。引入由 6.2 节得出的土壤多孔介质中污染物阻力系数,模拟污染物在不同泄漏口径、泄漏速度、土壤孔隙率、泄漏口位置等工况下的泄漏迁移过程。

8.2.1 泄漏口尺寸的影响

模拟中泄漏口在管道正下方,土壤孔隙率为 0.4,油相泄漏速度为 1.0 m/s。分别分析泄漏口直径为 20 mm、40 mm、60 mm、80 mm 的四种工况下污染物泄漏的迁移情况,计算结果如图 8.2~8.4 所示。

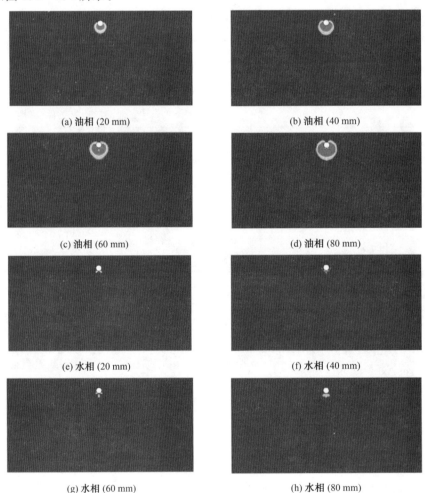

(a) 油相 (20 mm)　　　　　　(b) 油相 (40 mm)

(c) 油相 (60 mm)　　　　　　(d) 油相 (80 mm)

(e) 水相 (20 mm)　　　　　　(f) 水相 (40 mm)

(g) 水相 (60 mm)　　　　　　(h) 水相 (80 mm)

图 8.2　泄漏 10 s 时的油/水相分布

由图 8.2 可看出,泄漏污染物迁移 10 s 时,油相在管道周围形成一个包裹带,呈现近似苹果形,在重力作用下油相泄漏物主要分布在管道下方,其泄漏量随泄漏口尺寸增大而增大。同时,可以看出水相泄漏量非常小,主要因为泄漏污染物含水率很小。

由图 8.3 与图 8.2 的比较可以看出,埋地管道泄漏污染物迁移 100 s 时,油水相的泄漏量都随着管道泄漏口的增大而增大。图(a)泄漏口直径为 20 mm 时油相的泄漏量在管道周围包裹,呈现近似苹果型;图(b)泄漏口直径为 40 mm 时油相上方呈现水平区域;由图(c)和(d)中可以看出油相呈现圆形并且已经泄漏到地表;由图(e)~(h)可以看出水相的泄漏量非常小,油水相不相容导致在管道下方水相扩散呈现分散分布,向两侧对称扩散。

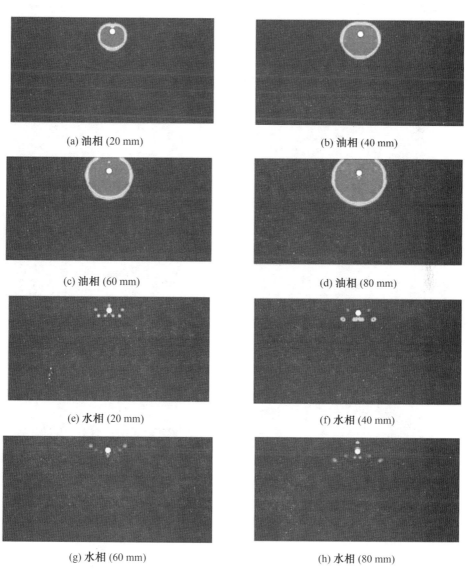

(a) 油相 (20 mm)　　　　　　　　　(b) 油相 (40 mm)

(c) 油相 (60 mm)　　　　　　　　　(d) 油相 (80 mm)

(e) 水相 (20 mm)　　　　　　　　　(f) 水相 (40 mm)

(g) 水相 (60 mm)　　　　　　　　　(h) 水相 (80 mm)

图 8.3　泄漏 100 s 时的油/水相分布

由图 8.4 可以看出，埋地管道泄漏污染物迁移 200 s 时，图(a)泄漏口为 20 mm 的工况下油相刚泄漏到地表，y 方向上迁移速度大于 x 方向，泄漏口两侧出现不规则曲线；图(b)~(d)三种工况下污染物都泄漏到地表，并且泄漏量按照圆形向四周迁移；由图(e)~(h)在管道周围水相对称分布，泄漏量很少，由于油水相的黏度差和密度差及相间的表面张力，水相依然呈现离散状态，在泄漏口为 60 mm 和 80 mm 情况下水相扩散到地表。

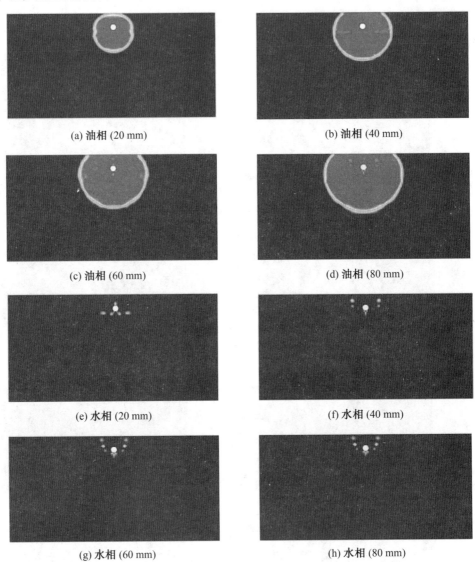

(a) 油相 (20 mm)　　(b) 油相 (40 mm)
(c) 油相 (60 mm)　　(d) 油相 (80 mm)
(e) 水相 (20 mm)　　(f) 水相 (40 mm)
(g) 水相 (60 mm)　　(h) 水相 (80 mm)

图 8.4　泄漏 200 s 时的油/水相分布

通过对比图 8.2～8.4 发现：不同的泄漏口直径下的污染物泄漏速度不同，泄漏口越大泄漏越快；油相的分布由苹果型变为圆形，随着时间的增加，油相沿着圆向四周迁移并且扩散到了地表。由于油水相的黏度差和密度差及相间的表面张力，水相依然离散状态，时间增长伴随着油相扩散。

8.2.2　泄漏速度的影响

模拟中土壤孔隙率为 0.4，泄漏口在管道正下方，泄漏孔径为 20 mm。分别分析泄漏速度为 1 m/s、1.5 m/s、2 m/s、2.5 m/s 的四种工况下污染物泄漏的迁移情况。计算结果如图 8.5～8.7 所示。

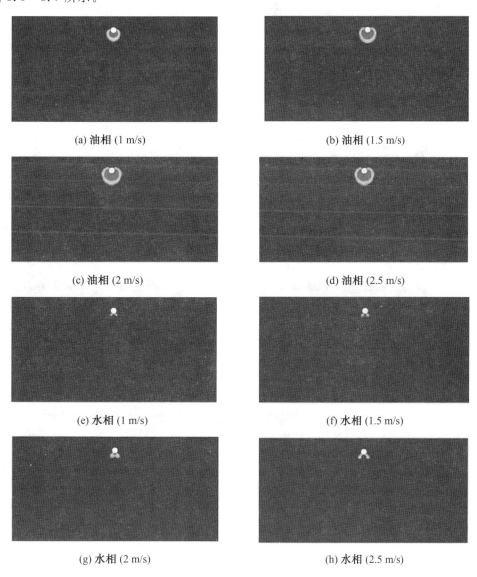

(a) 油相 (1 m/s)　　　　　　　　　　　(b) 油相 (1.5 m/s)

(c) 油相 (2 m/s)　　　　　　　　　　　(d) 油相 (2.5 m/s)

(e) 水相 (1 m/s)　　　　　　　　　　　(f) 水相 (1.5 m/s)

(g) 水相 (2 m/s)　　　　　　　　　　　(h) 水相 (2.5 m/s)

图 8.5　泄漏 10 s 时的油/水相分布

由图 8.5 中可以看出，埋地管道泄漏污染物迁移 10 s 时，油相和水相的迁移范围在 1 m/s 和 2.5 m/s 差别较为明显，速度为 2 m/s 和 2.5 m/s 时迁移范围基本相同。图(a)～(d)中油相呈现明显的苹果形；图(e)～(h)中水相分布随泄漏口速度的增大而增大。

　　如图 8.6 所示,埋地管道泄漏污染物迁移 100 s 时,由图(a)和(b)可以看出油相在管道周围以近似圆形迁移扩大;由图(c)和(d)可以看出速度较大的油相开始迁移到达地面,泄漏迁移的形状由苹果形变为上面水平扩散;由图(e)～(h)可以看出水相在管道两侧呈现对称分布,形状如同"W"形,泄漏口速度越大,水相分布越多,"W"形下方越平缓。

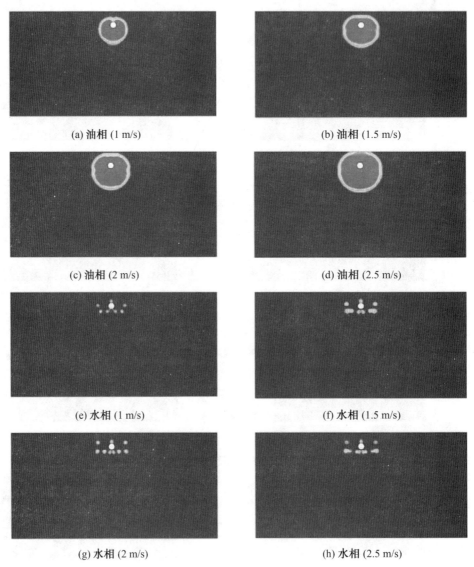

(a) 油相 (1 m/s)　　　　　　　　　　　　(b) 油相 (1.5 m/s)

(c) 油相 (2 m/s)　　　　　　　　　　　　(d) 油相 (2.5 m/s)

(e) 水相 (1 m/s)　　　　　　　　　　　　(f) 水相 (1.5 m/s)

(g) 水相 (2 m/s)　　　　　　　　　　　　(h) 水相 (2.5 m/s)

图 8.6　泄漏 100 s 时的油/水相分布

　　如图 8.7 所示,埋地管道泄漏污染物迁移 1 000 s 时,由图(a)～(d)可以看出四组工况下油相全部迁移到地面,泄漏迁移的形状由苹果形变大,泄漏速度越大泄漏区域越广;由图(e)～(h)可以看出水相在管道两侧呈现对称分布扩散,形状如同"W"形,明显看出泄漏口速度越大,水相分布越多,"W"形下方越突出,趋向于"V"形。

　　通过对比图 8.5～8.7 发现,不同的泄漏速度下的污染物泄漏迁移速度不同,泄漏速

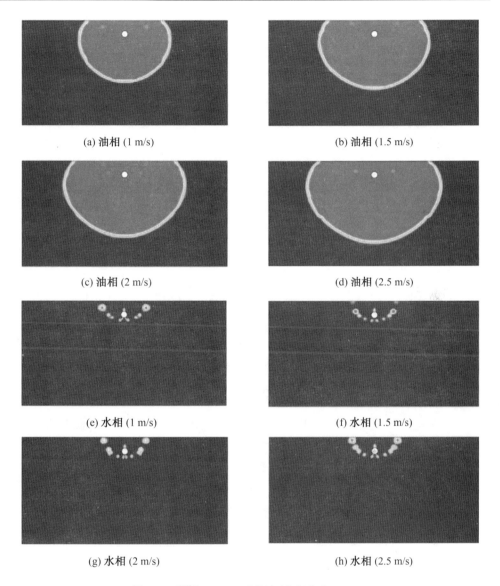

(a) 油相 (1 m/s)　　　　　　　　　　　(b) 油相 (1.5 m/s)

(c) 油相 (2 m/s)　　　　　　　　　　　(d) 油相 (2.5 m/s)

(e) 水相 (1 m/s)　　　　　　　　　　　(f) 水相 (1.5 m/s)

(g) 水相 (2 m/s)　　　　　　　　　　　(h) 水相 (2.5 m/s)

图 8.7　泄漏 1 000 s 时的油/水相分布

度越大油水相迁移越快。油相的分布呈现苹果形,随着时间的增加,油相向四周扩散并且扩散到了地表。由于油水相的黏度差和密度差及相间的表面张力,水相依然离散状态,在油相的驱动下,呈现"W"形向管道两侧的上方扩散。

8.2.3　孔隙率的影响

模拟中泄漏口在管道正下方,泄漏孔径为 20 mm,泄漏速度为 1.0 m/s。分别分析孔隙率 n 为 0.3、0.35、0.4、0.45 的四种工况下污染物泄漏的迁移情况。计算结果如图 8.8～8.10 所示。

由图 8.8 可以看出,埋地管道泄漏污染物迁移 10 s 时,油水两相泄漏量都比较少,不

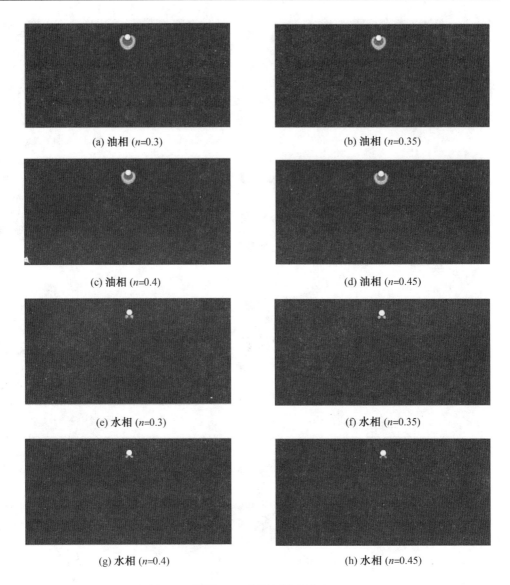

(a) 油相 (n=0.3)　　　　　　　　　　(b) 油相 (n=0.35)

(c) 油相 (n=0.4)　　　　　　　　　　(d) 油相 (n=0.45)

(e) 水相 (n=0.3)　　　　　　　　　　(f) 水相 (n=0.35)

(g) 水相 (n=0.4)　　　　　　　　　　(h) 水相 (n=0.45)

图 8.8　泄漏 10 s 时的油/水相分布

同的土壤孔隙率对应的油水两相泄漏量对比没有明显的区别。

　　如图 8.9 所示,埋地管道泄漏污染物迁移 200 s 时,与图 8.8 相比,油水两相的泄漏量明显增多,并且随着不同孔隙率变化呈现泄漏快慢不同的变化。由图(a)~(d)可以看出油水相分布呈现圆形,由图(d)可以看出油相即将到达地表,处于临界状态,而由图(a)~(c)可以看出油相已经达到地表并且扩散。孔隙率越大,油相迁移范围越小。由于土壤孔隙率变化范围有限,因此油相分布大小差别不是很大;由图(e)~(h)可以看出水相在管道下方的两侧扩散,水相分布随着土壤孔隙率的增大而变小,与油相变化一致。

　　如图 8.10 所示,埋地管道泄漏污染物迁移 1 000 s 时,与图 8.9 对比,油相扩散范围增大并且都扩散达到地表,呈现椭圆形。随着土壤多孔介质孔隙率增大,油相泄漏迁移范

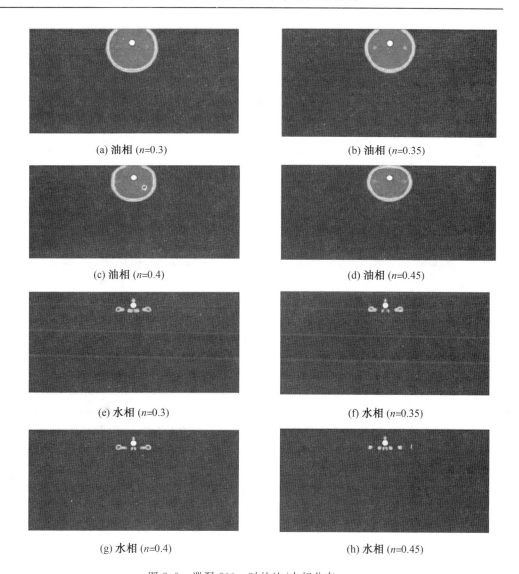

(a) 油相 (n=0.3)　　　　　　　　　　(b) 油相 (n=0.35)

(c) 油相 (n=0.4)　　　　　　　　　　(d) 油相 (n=0.45)

(e) 水相 (n=0.3)　　　　　　　　　　(f) 水相 (n=0.35)

(g) 水相 (n=0.4)　　　　　　　　　　(h) 水相 (n=0.45)

图 8.9　泄漏 200 s 时的油/水相分布

围变小,水相也呈现明显的扩散范围变小趋势。

　　由图 8.8~8.10 对比得出,随着时间的增加,油水相扩散范围都明显增大。油相扩散呈现从圆形到椭圆形的变化,孔隙率小的迁移快并先到达地表。原因是孔隙度越大表示土壤的储溶性越好,即单位体积土壤的孔隙体积越大,这就使得孔隙度大的土壤比孔隙度小的土壤能容纳更多的泄漏污染物,进而影响泄漏迁移油相及水相在土壤中的分布。由于油水相之间不相容,存在斥力及表面张力,在油相的驱动下水相迁移呈现分散状态,对管道下方两侧呈现向上迁移势态,轨迹形如"W"状,随着土壤孔隙率增大而扩散加快。

8.2.4　泄漏口位置的影响

　　模拟中孔隙率为 0.4,泄漏孔径为 20 mm,泄漏速度为 1.0 m/s。分别分析泄漏口位

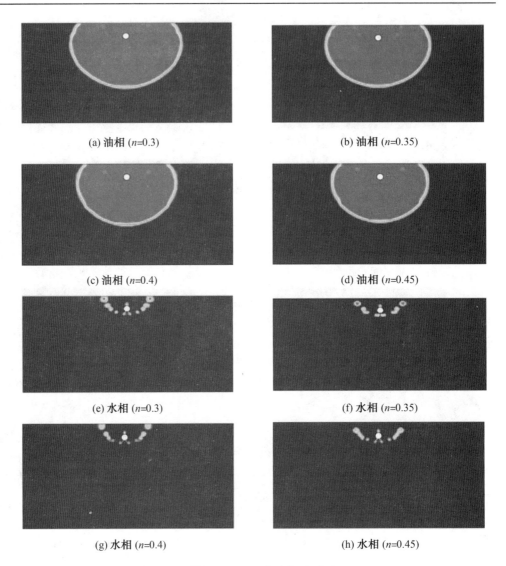

(a) 油相 (n=0.3)　　　　　　　　　(b) 油相 (n=0.35)

(c) 油相 (n=0.4)　　　　　　　　　(d) 油相 (n=0.45)

(e) 水相 (n=0.3)　　　　　　　　　(f) 水相 (n=0.35)

(g) 水相 (n=0.4)　　　　　　　　　(h) 水相 (n=0.45)

图 8.10　泄漏 1 000 s 时的油/水相分布

置为正下方、1/4 处、1/2 处、3/4 处的四种工况下污染物泄漏的迁移情况。泄漏口位置如图 8.11 所示。计算结果如图 8.12～8.14 所示。

由图 8.12 中可以看出,埋地管道泄漏污染物迁移 10 s 时,泄漏量较少,泄漏口的位置不同,导致了污染物泄漏方向不同,在泄漏口对应的区域呈现不同的泄漏形状。在速度的冲击下呈现不同方向的扇形,除了泄漏口在正下方情况下的油水相泄漏区域对称,其他三个工况下的泄漏呈现不对称性,同时可由图看出水相的泄漏量非常小。

如图 8.13 所示,埋地管道泄漏污染物迁移 100 s 时,相比图 8.12 泄漏量明显增多,由于泄漏口的位置不同,污染物泄漏方向不同、形状不同、速度也不同。由图(a)～(d)可以看出,泄漏口离地面越近,扩散到地面的时间越短。除了图(a)正下方泄漏口没有扩散至地面,其余图(b)、(c)、(d)均已扩散至地面。图(d)中泄漏口在 3/4 处,离地面最近,泄

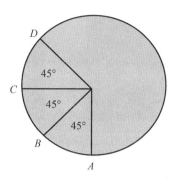

图 8.11　管道截面泄漏口位置

（A 代表正下方泄漏口，B 代表 1/4 处泄漏口，

C 代表 1/2 处泄漏口，D 代表 3/4 处泄漏口）

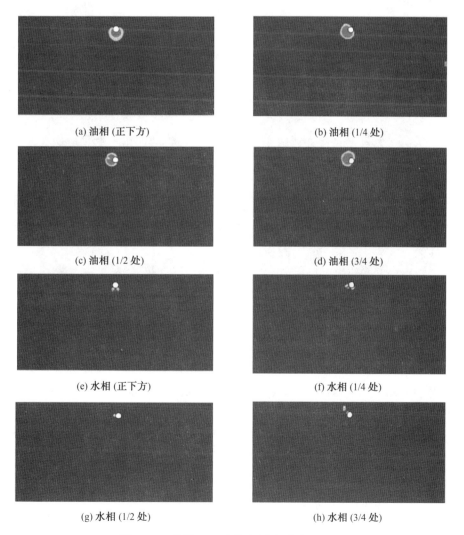

图 8.12　泄漏 10 s 时的油/水相分布

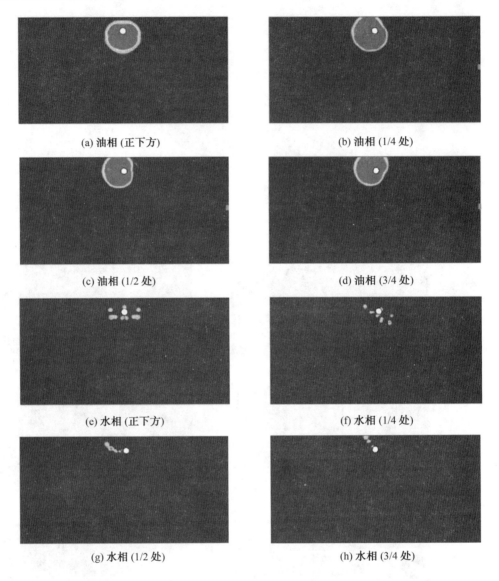

(a) 油相 (正下方)　　　　　　　　　　(b) 油相 (1/4 处)

(c) 油相 (1/2 处)　　　　　　　　　　(d) 油相 (3/4 处)

(e) 水相 (正下方)　　　　　　　　　　(f) 水相 (1/4 处)

(g) 水相 (1/2 处)　　　　　　　　　　(h) 水相 (3/4 处)

图 8.13　泄漏 100 s 时的油/水相分布

漏到地面的用时最短,其次是图(c)、(b)、(a)。由图(e)可以看出水相扩散在管道下方两侧呈"W"形状,图(f)、(g)、(h)因泄漏口方向不同呈不对称分布,并在油相驱动下呈现分散状向不同方向不规则迁移。

如图 8.14 所示,埋地管道泄漏污染物迁移 1 000 s 时,与图 8.12 和图 8.13 相比,油水两相的泄漏量明显增多,由图(a)~(d)可以看出,泄漏面积图(a)最大,图(d)最小,这是由于泄漏口位置不同,在重力作用下泄漏迁移用时不同。泄漏口越在下方,油水向下扩散得越多。偏于地面上方的泄漏口向下扩散则需要更长的时间。由图(a)~(d)还能看出,泄漏口不同位置下油相泄漏呈不对称的苹果形。由图(e)可以看出水相扩散在管道下方两侧依然呈"W"形状,图(f)、(g)、(h)因泄漏口方向不同,在油相驱动下呈不规则迁移及

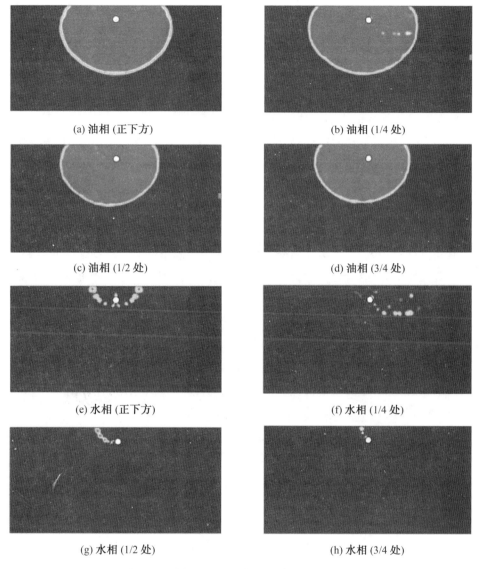

(a) 油相 (正下方)　　　　　　　　　　(b) 油相 (1/4 处)

(c) 油相 (1/2 处)　　　　　　　　　　(d) 油相 (3/4 处)

(e) 水相 (正下方)　　　　　　　　　　(f) 水相 (1/4 处)

(g) 水相 (1/2 处)　　　　　　　　　　(h) 水相 (3/4 处)

图 8.14　泄漏 1 000 s 时的油/水相分布

离散分布。

由图 8.12～8.14 对比得出,随着时间的增加,油水相扩散范围明显增大。由于泄漏口位置的不同呈现不同的泄漏相形状,在重力作用和初始速度驱动下,油相向上或者向下迁移用时不同。泄漏口偏上方的工况下扩散至地表时间短,向下扩散用时相对长;泄漏口偏下方的工况下扩散至地表时间长,向下扩散用时相对短。由于油水相之间互不相溶,存在斥力及表面张力,在油相的驱动下水相扩散呈现出分散状态,向不同方向不规则扩散。

8.3　本章小结

本章对埋地输油管道泄漏污染物在土壤中宏观迁移的过程进行了仿真计算,通过 Fluent 软件分析了埋地输油管道泄漏污染物在土壤中的宏观迁移特性,并研究了不同泄漏条件对污染物迁移的影响。具体研究过程小结如下。

(1)将介观模拟得到的污染物在土壤中的阻力系数引入 Fluent 软件,对埋地输油管道泄漏污染物在土壤中宏观迁移过程进行了仿真计算。首先确定了埋地输油管道泄漏污染物迁移计算区域,通过分析作者所在课题组前期的研究成果确定了计算的边界条件和初始条件。

(2)通过 Fluent 软件分析了埋地输油管道泄漏污染物在土壤中的宏观迁移特性,研究了泄漏口位置和大小、土壤孔隙率、泄漏速度等泄漏条件对污染物迁移的影响。数值宏观模拟研究发现:泄漏口越大,污染物泄漏越快,往地下迁移越迅速;泄漏口速度越快,泄漏污染物迁移越快,在短时间内对土壤环境的污染范围越大;土壤孔隙率的增大导致土壤孔隙变多,孔隙率小的迁移快并先到达地表,原因是孔隙度大的土壤比孔隙度小的土壤能容纳更多的泄漏污染物,进而影响泄漏迁移油相及水相在土壤中的分布。由于油水相之间不相容,存在斥力及表面张力,在油相的驱动下水相迁移呈分散状态,对管道下方两侧呈现向上迁移势态;不同的泄漏口位置导致泄漏污染物迁移呈现不规则状,不同位置油水相分布不同,在重力作用下,泄漏口越偏于上方则往下迁移越慢。

本章参考文献

[1] 贾龙,吴国忠,赵岩,等. 埋地输油管道两相泄漏过程的格子 Boltzmann 模型[J]. 科学技术与工程,2012,12(10):2454-2457.

[2] 邢畅. 埋地输油管道泄漏过程多相流传热分析[D]. 大庆:东北石油大学,2012.

[3] 陈伟,吴晓红. 质量守恒定律与能量守恒定律的对比分析与系统整合[J]. 中学化学教学参考,2015(10):16-18.

[4] 刘洋. 埋地输油管道泄漏污染物迁移过程仿真研究[D]. 大庆:东北石油大学,2015.

[5] 冯敏,蒋建勋,史秀敏. 长距离输油管道工程设计分析[J]. 西部探矿工程,2006,18(10):95-97.

名 词 索 引